上海市工程建设规范

管线定向钻进技术标准

Technical standard for directional drilling of pipelines laying

DG/TJ 08—2075—2022
J 11722—2022

主编单位：上海市地下管线协会
批准部门：上海市住房和城乡建设管理委员会
施行日期：2022 年 11 月 1 日

同济大

2023　上海

图书在版编目(CIP)数据

管线定向钻进技术标准/上海市地下管线协会主编
. —上海:同济大学出版社,2023.4
ISBN 978-7-5765-0815-4

Ⅰ. ①管… Ⅱ. ①上… Ⅲ. ①地下管道-钻进-技术
标准-上海 Ⅳ. ①TU990.3-65

中国国家版本馆 CIP 数据核字(2023)第 062456 号

管线定向钻进技术标准

上海市地下管线协会 主编

责任编辑 朱 勇
责任校对 徐春莲
封面设计 陈益平

出版发行 同济大学出版社 www. tongjipress. com. cn
　　　　　(地址:上海市四平路1239号 邮编:200092 电话:021-65985622)
经 　销 全国各地新华书店
印 　刷 浦江求真印务有限公司
开 　本 889mm×1194mm 1/32
印 　张 3.25
字 　数 87 400
版 　次 2023 年 4 月第 1 版
印 　次 2023 年 4 月第 1 次印刷
书 　号 ISBN 978-7-5765-0815-4
定 　价 35.00 元

上海市住房和城乡建设管理委员会文件

沪建标定〔2022〕328 号

上海市住房和城乡建设管理委员会
关于批准《管线定向钻进技术标准》
为上海市工程建设规范的通知

各有关单位：

　　由上海市地下管线协会主编的《管线定向钻进技术标准》，经我委审核，现批准为上海市工程建设规范，统一编号为 DG/TJ 08—2075—2022，自 2022 年 11 月 1 日起实施。原《管线定向钻进技术规范》(DG/TJ 08—2075—2010)同时废止。

　　本标准由上海市住房和城乡建设管理委员会负责管理，上海市地下管线协会负责解释。

上海市住房和城乡建设管理委员会

2022 年 7 月 20 日

前　言

　　根据上海市住房和城乡建设管理委员会《关于印发〈2019年上海市工程建设规范、建筑标准设计编制计划〉的通知》（沪建标定〔2018〕第753号）的要求，由上海市地下管线协会会同有关单位对上海市工程建设规范《管线定向钻进技术规范》DG/TJ 08—2075—2010进行了修订。

　　本标准总结了近十年来本市管线工程定向穿越的实践经验和科研成果，并结合本市管线水平定向穿越工程的技术特点和工程条件以及相关行业规范，在充分调查研究基础上，广泛征求了有关设计、施工、科研单位的意见，经多次修改而成。本标准对市政、给水、电力、煤气、通信等工程中定向穿越工程的设计、施工、质量检验和工程验收提出了较为详尽的标准，并完善了技术参数，从而便于本市定向穿越工程的施工及质量验收标准的统一和执行，确保定向穿越工程施工的安全及质量。

　　本标准的主要内容有：总则；术语和符号；基本规定；工程勘察；设计；施工；质量验收；附录。

　　与原规范相比较，本标准主要修订如下：

　　1. 增补完善了相关术语、符号及其含义解释。

　　2. 增加了工程环境调查相关技术要求。

　　3. 增补完善了工程地质勘察对定向穿越工程场地和定向穿越工程土质技术判断要求。

　　4. 增加了定向穿越工程施工中施工组织设计的技术要求。

　　5. 增补完善了本市定向穿越工程施工中选用钻机类型及技术性能指标的要求。

　　6. 增补完善了本市定向穿越工程施工准备的技术要求。

7. 增补完善了本市定向穿越工程施工后期处理措施的技术要求。

各单位及相关人员在执行本标准过程中,如有意见和建议,请反馈至上海市住房和城乡建设管理委员会(地址:上海市大沽路 100 号;邮编:200003;E-mail:shjsbzgl@163.com),上海市地下管线协会(地址:上海市淮海西路 343 号 K 座 304 室;邮编:200030;E-mail:2822514756@qq.com),或上海市建筑建材业市场管理总站(地址:上海市小木桥路 683 号;邮编:200032;E-mail:shgcbz@163.com),以供今后修订时参考。

主 编 单 位:上海市地下管线协会

参 编 单 位:上海市建筑科学研究院有限公司

上海佳友市政建筑有限公司

上海联创燃气技术发展有限公司

上海置诚城市管网工程技术股份有限公司

主 要 起 草 人:赵荣欣　蔡　健　张金水　倪　宾　张　健
徐永华　朱永刚　张晓静　赵官慧　吴华勇
王　枫　董利民　蔡晓春

主 要 审 查 人:王美华　葛金科　严国仙　董茂强　刘　健
张　帆　陈忠年

上海市建筑建材业市场管理总站

目　次

Contents

1 总 则

1.0.1 为规范本市管线定向穿越工程的技术管理,统一勘察、设计、施工、质量验收的标准,促进地下管线定向穿越工程技术水平,保证工程质量和施工安全,特制定本标准。

1.0.2 本标准适用于本市范围内给水管线、排(雨、污)水管线、输油输气管线、电力管线、信息通信管线等定向穿越工程的勘察、设计、施工及质量验收。

1.0.3 管线定向穿越工程除应符合本标准外,尚应符合国家、行业和本市现行有关标准的规定。

2 术语和符号

2.1 术　语

2.1.1 管线水平定向穿越工法　construction method of horizontal directional drilling for pipeline

采用水平定向钻机和控向仪器,对确定的目标,通过导向孔钻进、扩孔、拖拉管、回拖等工艺过程实施管线敷设的一种非开挖施工方法。

2.1.2 导向孔　pilot hole

又名先导孔。定向钻进施工时,按设计轨迹钻进最初(首次)形成的小口径钻孔。

2.1.3 环刚度　ring stiffness

管材抵抗环向变形的能力。通过测试确定,单位为 kN/m^2。

2.1.4 扩孔　reaming hole

又名回扩(back reaming)。在导向孔形成后,将孔径扩大到设计要求孔径的施工过程。

2.1.5 回拖　pull back

又名回拉。扩孔完成后将待敷管线从接收工作坑(井)回拖(拉)到起始工作坑(井)的施工过程。

2.1.6 管线轨迹　pipeline path

指采用定向穿越设计的或已完成敷设管线的中心轴线路径。

2.1.7 入/出土角　entry angle/exit angle

水平定向穿越施工过程中,钻头开始钻入/钻出地层时,钻杆柱与水平面的锐角夹角。

2.1.8 入/出土点　entry point/exit point

先导孔钻进时,钻头开始钻入/钻出地层的地点。

2.1.9 三维穿越 three-dimensional crossing

穿越轨迹在水平面和垂直面同时改变方向的穿越方法。

2.1.10 塑料管 plastic pipe

本标准中指聚乙烯管(PE)、高密度聚乙烯管(HDPE)和改性聚丙烯管(MPP)的总称。

2.1.11 起始工作坑(井) entry pit(well)

在定向穿越工程的起始处(起点)设置的用于钻进施工的工作槽坑。

2.1.12 接收工作坑(井) exit pit(well)

在定向穿越工程的接收处(终点)设置的用于钻进施工的工作槽坑。

2.1.13 定向穿越回拖力 directional drilling pull back force

将待敷设管线拉入钻孔进行回拖时,施加在管线上的拉力。

2.1.14 设备安全回拖力 safety pull back force of equipment

管线回拖过程中,设备可施加在管线上的最大拉力。

2.1.15 控向 guiding

通过预装在钻头中探棒发射的信号,判定钻头的空间位置及状态,引导钻进的方法。

注:根据原理不同,分为无线控向、有线控向和地磁控向等。

2.1.16 无线控向 wireless guiding

通过地面接收器接收探棒的发射信号,判定钻头的空间位置及状态,引导钻进的方法。探棒的电源由预装在钻头中的电池提供。

2.1.17 有线控向 wired guiding

通过地面接收器和电缆接收探棒的发射信号,判定钻头的空间位置及状态,引导钻进的方法。探棒的电源通过电缆由外接电源提供。

2.1.18 地磁控向 geomagnetic guiding

探棒预装在无磁钻铤钻头中,地磁场和重力场等信号通过电缆线传输到计算机,处理转化为各项孔底参数,作为判定钻头空间位置及状态的依据引导钻进。

2.1.19　钻进液　drilling fluid

又称钻进泥浆(mud)。在定向穿越工程施工时用以冷却钻头、携带钻屑、润滑钻具及稳定护壁,是由水和膨润土或聚合物等处理剂调制成的混合浆体。

2.1.20　导向定位仪　locator

简称导向仪(pilot)。能接收钻机钻头中预装的发射器发出的电磁波信号,并确定发射器所处的位置,从而指导钻进方向的仪器。

2.1.21　导向钻具　steering drilling

定向穿越工程施工中用于导向孔钻进、成孔的钻具。根据定向钻进的成孔方式,导向钻具分为干式和湿式两种。干式钻具由挤压钻头、探头室和冲击锤组成,靠冲击挤压成孔,不排土。湿式钻具由射流钻头和探头室组成,钻进时以高压水射流切割土层,有时辅以顶驱式冲击动力头以破碎岩层和硬土层。

2.1.22　扩孔器　reamer

又称回扩钻头(back reamer)。安装在钻杆前端用于扩孔的工具。

2.1.23　地质改良　geological improvement

通过置换、地基加固、冷冻等方法改善地质条件的施工方法。

2.1.24　对接技术　intersection technology

两台钻机分别置于出、入土两端相向钻进,导向孔对接完成后,一侧钻头回撤,另一侧钻头随之钻进直至出土,完成导向孔施工。

2.1.25　轨迹测量仪　pipeline mapping system

对完成敷设管线的中心轴线进行轨迹测绘的仪器。采用管内测量方法,能连续获得管线中心轴线上各点的三维坐标(x_i,

y_i，z_i），最终形成三维轨迹图，即地下管线空间位置曲线图。

2.2 符 号

D——管线的外径(mm)；

D_t——最终扩孔直径(mm)；

d——管线的比重(kN/m³)；

d_1——泥浆的比重(kN/m³)；

F——回拖力(kN)；

F_1——管线排开泥浆的重量(kN)；

G——管线在空气中重量(kN)；

H——管线埋深(m)；

H_z——单根钻杆下行或上行深度(cm)；

h_1——单根钻杆钻进起时斜度(%)；

h_2——单根钻杆钻进终时斜度(%)；

K——管线的屈服极限(MPa)；

K_1——管壁与孔壁之间摩擦系数，一般取 0.2～0.8；

L——管线穿越长度(m)；

L_1——入土直线段长度(m)；

L_2——入土弧线段长度(m)；

L_3——管线水平直线段长度(m)；

L_4——出土弧线段长度(m)；

L_5——出土直线段长度(m)；

L'——管线穿越水平长度(m)；

L'_1——入土直线段投影的长度(m)；

L'_2——入土弧线段投影的长度(m)；

L'_3——水平段长度(m)；

L'_4——出土弧线段投影的长度(m)；

L'_5——出土直线段投影的长度(m)；

R——入/出土造斜段管线曲率半径(m);

R_{min}——最小曲率半径(m);

S——安全系数,$S=1\sim2$;

s——单根钻杆长度(m);

α——钻进入土角(°);

β——钻进出土角(°);

δ_p——弯曲应力(MPa)。

3 基本规定

3.0.1 管线定向穿越宜用于过河、过路或过建(构)筑物等障碍物的管线施工。

3.0.2 管线定向穿越工程设计前,应进行工程勘察并取得相应工程勘察资料,进行路由比选。

3.0.3 工程资料应包括城市道路规划和管线规划资料、地形地貌测量资料、地质勘察资料、地下管线和地下障碍物调查探测资料,以及铁路、道路、河流和周边环境等相关资料。

3.0.4 管线定向穿越工程必须有工程设计环节,工程设计超过6个月未施工或工程条件发生变化时,应进行复核或重新设计。

3.0.5 管线定向穿越工程所用管材应具有足够的轴向拉伸强度、环刚度、轴向弹性变形能力、良好的焊接性能,并应符合国家有关管材现行标准及相应的规定。

3.0.6 当管线定向穿越工程穿越铁路、高等级公路、重要水域时,需采取有效的安全防护措施。应确保周边的建筑物、相邻或相交管线及地下构筑物等不受损坏,避免上覆土层、道路等出现沉陷、坍塌或隆起。

3.0.7 管线定向穿越工程的设计与施工除应符合本标准外,还应符合各专业管线的相关标准。

3.0.8 管线定向穿越工程施工前,应进行技术交底和编制施工组织设计。施工组织设计应按规定程序审批后执行,有变更时应办理变更审批;施工过程中应严格遵守设计要求并做好施工记录;施工后应按要求提交竣工资料。

3.0.9 施工单位应做到文明施工、安全施工。施工过程中所产生的废弃物、噪声及振动应符合国家和上海市有关环境保护的规定。

3.0.10 根据管线建设需求,应按国家现行有关标准的规定进行专业检验。

4 工程勘察

4.1 一般规定

4.1.1 管线定向穿越工程勘察应包括工程环境调查和工程地质勘察。

4.1.2 管线定向穿越工程勘察应符合现行国家标准《岩土工程勘察规范》GB 50021、现行行业标准《城市地下管线探测技术规程》CJJ 61以及现行上海市工程建设规范《地下管线测绘标准》DG/TJ 08—85等的相关规定。

4.1.3 工程勘察前应具备下列相关资料:

    1 管线工程平面图。

    2 现有管线地下管网或管线图。

    3 设计技术要求。

4.2 工程环境调查

4.2.1 管线定向穿越工程施工前应对现场环境进行调查,包括地面环境与地下环境。地面环境应包括自然地理特征、地面建(构)筑物、架空线缆;地下环境应包括地下建(构)筑物、地下管线等地下设施。

4.2.2 应查明拟穿越区域建(构)筑物类型、地理位置、与新建管线之间的空间关系、修建年代、使用状况、已拆除旧建(构)筑物遗留桩基。

4.2.3 应查清施工区域范围内对人体有害的气体和其他有害物质的分布位置。

4.2.4 应查明与工程相关的地下设施的类型、分布范围、尺寸、位置、使用现状等。

4.2.5 根据管线穿越工程的规划、设计、施工和管理部门的要求,地下管线探测应符合下列要求:

    1 地下管线探测的范围应覆盖管线穿越工程敷设的区域,穿越路由周围不应小于管径的 3 倍,且不应小于 3 m。

    2 地下管线探测应查明管线类别、埋深、断面尺寸、根数、管材、附属物、荷载特征和权属单位等信息,并绘制地下管线图。

    3 地下管线探测应通过地面标志物、检查井、闸门井、人孔、手孔等进行复核。

4.3 工程地质调查

4.3.1 管线定向穿越工程施工前应取得穿越场地的工程地质资料,包括地形、地貌、地质构造及地震地质背景、地层结构特征、岩土层的性质及其空间分布,并对管线穿越地层进行工程地质评价。

4.3.2 管线定向穿越工程场地分类及土质类型划分应按表 4.3.2-1、表 4.3.2-2 进行。

表 4.3.2-1 管线定向穿越工程场地分类

Ⅰ类	Ⅱ类	Ⅲ类
1. 按现行国家标准《建筑抗震设计规范》GB 50011 划分的对建筑抗震危险的场地和地段; 2. 不良地质现象强烈发育; 3. 地质环境已经或可能受到强烈破坏; 4. 地形地貌复杂; 5. 岩土种类多,性质变化大,地下水对工程影响大,且需特殊处理; 6. 变化复杂、作用强烈的特殊性岩土	1. 按现行国家标准《建筑抗震设计规范》GB 50011 划分的对建筑抗震不利的场地和地段; 2. 不良地质现象一般发育; 3. 地质环境已经或可能受到一般破坏; 4. 地形地貌较复杂; 5. 岩土种类较多,性质变化较大,地下水对工程有不利影响; 6. 不属Ⅰ、Ⅲ类的一般性岩土	1. 地震设防烈度为 6 度或 6 度以下,或按现行国家标准《建筑抗震设计规范》GB 50011 划分的对建筑抗震有利的场地和地段; 2. 不良地质现象不发育; 3. 地质环境基本未受破坏; 4. 地形地貌简单; 5. 岩土种类单一,性质变化不大,地下水对工程无影响; 6. 非特殊性岩土

表 4.3.2-2　管线定向穿越工程土质类型划分

Ⅰ类	Ⅱ类	Ⅲ类
黏土层、亚黏土层、细沙层	地表为黏土层，中粗砂层、砂层、细沙层，中间带胶泥黏土层及亚黏土层、粗沙层，砾石径小于 30 mm，含量在 20% 的砾石层	强度在 30 MPa 以下的岩石层及砂岩层

4.3.3　现场踏勘应包括下列内容：

1　地形、地貌、地面建（构）筑资料及对工程的影响评价。

2　不良地质作用及其成因。

3　影响管线定位、导向检测的干扰源。

4　水土腐蚀性评价。

5　沿管线轴线走向两侧 20 m 范围内的详细地质材料。

4.3.4　现场工程地质勘察应包括下列内容：

1　地下水类型、含水层性质、测定初见水位和稳定水位。

2　暗埋的河、湖、沟、坑的分布范围，埋深及其覆盖层的工程地质特征。

3　松软地层及可能产生潜蚀、流沙、管涌和地震液化地层的分布范围，埋深、厚度及其工程地质特征。

4.3.5　当工程场地类别为Ⅲ类时，可降低对水文地质勘察的要求。

4.3.6　勘探孔布置应符合下列要求：

1　勘探孔宜在管线中线两侧 5 m～10 m 处各布置一条勘探线，两条勘探线上的勘探点交错布置；当条件不允许时，勘探孔位置可适当调整。

2　勘探孔数量应根据管线定向穿越长度及地层的复杂程度确定。在均质地层上布孔，可沿穿越路由方向进行，孔距宜取 30 m～100 m；对场地复杂程度等级为Ⅰ类的应取小值，Ⅲ类的应取大值。

3　在管线穿越铁道或公路的地段，应根据工程地质条件的复杂程度布置勘探孔;在管线穿越的河谷两岸及河床均应布置勘探孔;在不同地貌单元、地质构造部位应布置勘探孔。

4 穿越高等级公路、铁路、地表障碍物时,宜在其两侧布孔,孔数不宜少于 2 个;穿越河谷、河谷两岸及河床应布置勘探孔,孔数不应少于 3 个。

4.3.7 勘探孔的深度应符合下列要求:

1 城市管线勘察的勘探孔深度应达到管底设计标高以下 1 m～3 m。

2 当管线穿越河谷时,勘探孔深度应达到河床最大冲刷深度以下 3 m～5 m。

3 当基底下存在松软土层或未经沉实的回填土时,勘探孔深度应适当增加;当基底下存在可能产生流沙、潜蚀、管涌或地震液化地层时,应予以钻穿。

4 当采取降低地下水位施工时,勘探孔深度应钻至基坑底面以下 5 m～10 m;当已有资料证明或勘探过程中发现黏性土层下存在承压含水层,且其水头较高,需降水施工时,勘探孔应适当加深,或钻穿承压含水层,并测量其水头。

5 当已有资料证明,在管线沿线地段的管基下平面分布厚度大于 2 m 的密实土层,且无地下水的不良影响时,勘探孔可钻至密实土层,以判明其岩性。

6 当进行大型矩形、拱形砖石砌体或钢筋混凝土结构管线工程勘察时,勘探孔深度应适当加深。

4.3.8 钻探观测和测试工作完成后应封孔。

5 设 计

5.1 一般规定

5.1.1 管线定向穿越工程施工图设计内容应包括设计说明书、管线平面图、管线剖面图、管线断面图(管束图)、管线与检查井接口施工图等。

5.1.2 管线定向穿越工程穿越管段应垂直于水流轴向,如需斜交时,交角不宜小于 60°;穿越公路或铁路时,应尽量垂直,其夹角应接近 90°,在任何情况下夹角不得小于 30°;穿越铁路、公路的管段上严禁设置弯头和产生水平或竖向曲线。

5.1.3 管线定向穿越工程路径设计应符合规划要求,穿越有关设施应征得其管理单位的确认,并应满足下列规定:

　　1 输送可燃介质管线应远离车站、桥梁、加油站及重要构筑物。

　　2 穿越河流管线宜选择在河道顺直、水流平缓、河床和岸坡稳定、两岸有足够施工场地的有利位置。

　　3 应避开高压电线杆塔、电站、变电站等高压危险区。

　　4 应避开不良地质和不利于施工的地形、地貌。

　　5 应保护生态环境,少占用农田或绿地。

5.1.4 穿越公路、铁路、河流敷设管线的最小覆土厚度应符合相关行业标准的规定;当无标准规定时,管线敷设最小覆土深度应大于钻孔的最终回扩直径的 6 倍,并应符合表 5.1.4 的要求。

表 5.1.4　管线敷设最小覆土深度

被穿越对象	最小覆土深度
城市道路	与路面垂直净距 1.5 m

被穿越对象	最小覆土深度
公　路	与路面垂直净距 1.8 m;路基坡脚地面以下 1.2 m
高速公路	与路面垂直净距大于钻孔的最终回扩直径 9 倍以上,且不小于 5 m
铁　路	路基坡脚处地表下 5 m;路堑地形轨顶下 3 m;0 点断面轨顶下 6 m
河　流	穿越管段管顶到规划河床的最小距离应根据水流冲刷、河床深度、疏浚和抛锚等条件确定; 一级主河道百年一遇最大冲刷深度线以下 5 m; 二级河道河底设计标高以下 3 m,最大冲刷深度线以下 2.5 m
地面建筑	根据基础结构类型和穿越方式,经计算后确定; 当穿越高度小于 10 m 的建筑物时,该段管线的覆土深度应大于穿越管径的 20 倍,且不小于 10 m

注:各行业中规定不可穿越上述对象时,应根据行业要求执行。

5.1.5 穿越工程敷设的管线与建筑物和既有地下管线的垂直距离和水平距离应符合相关行业标准的要求;行业标准无规定时,应满足下列要求:

1 敷设在建筑物基础标高以上时,与建筑物基础的水平净距离不得小于 1.5 m。

2 敷设在建筑物基础标高以下时,与建筑物基础的水平净距应在持力层扩散角范围以外,尚应考虑土层扰动后的变化,扩散角不得小于 45°。

3 在建筑物基础下敷设管线时,应经有关部门批准和设计验算后确定敷设深度。

4 与既有地下管线平行敷设时,管径 200 mm 以上的管线,一般水平净距不得小于最终扩孔直径的 2 倍;管径 200 mm 以下的管线,水平净距不得小于 0.6 m。

5 从既有地下管线上部交叉敷设时,垂直净距应大于 0.5 m。

6 从既有地下管线下部交叉敷设时,垂直净距应符合下列要求:

1) 黏性土的地层应大于最终扩孔直径的 1 倍;

2）粉性土的地层应大于最终扩孔直径的 1.5 倍；

3）砂性土的地层应大于最终扩孔直径的 2 倍；

4）小直径管线（一般小于 Φ200 mm 管线）垂直净距不得小于 0.5 m。

7 遇可燃性管线和特种管线及弯曲孔段，应考虑加大水平净距和垂直净距。达不到上述距离时，应采取有效的技术安全防护措施。

5.1.6 首段和末段钻孔轴线是斜直线时，钻孔直线段的长度不宜小于 10 m，且两段斜直线应在穿越公路规划红线和河流河道蓝线之外。

5.1.7 管线轨迹设计应规避已有管线，符合管线区域内现有的规划、地形地貌等要求。

5.1.8 管线定向穿越设计应按各行业标准进行工艺设计。

5.1.9 管线定向穿越（束）两端接入工作井应满足管线弯曲敷设的要求。

5.1.10 穿越主要道路、高速公路、河流、铁路、地下构筑物以及对沉降要求较高的管线定向穿越工程，应进行孔内注浆加固设计。

5.2 管材选择

5.2.1 采用定向穿越敷设的管线，所用管材的规格及性能应符合国家现行标准和行业相关规定，满足下列基本要求：

1 能够承受施工过程中的牵拉力。

2 能够抵抗管线内外的腐蚀。

3 能够承受管内压力与管外静、动荷载。

4 具有良好的流体流通性能。

5 涉及饮用水的管材，其卫生标准应符合现行国家标准《生活饮用水输配水设备及防护材料的安全性评价标准》GB/T

17219 的规定。

5.2.2 采用定向穿越敷设管线的设计计算与构造要求,应根据管线功能分别满足现行国家标准《给水排水工程管道结构设计规范》GB 50332、《城镇燃气设计规范》GB 50028、《通信管道与通道工程设计标准》GB 50373 以及现行行业标准《城市电力电缆线路设计技术规定》DL/T 5221、《城镇供热管网设计标准》CJJ 34 等的要求,其壁厚应根据埋深、回拖长度及土层条件综合确定,各专业管线最小壁厚可按各行业的相关标准执行。

5.3 导向轨迹设计

5.3.1 管线定向穿越轨迹设计应包括下列内容:

1 钻孔类型和轨迹形式。

2 选择造斜点。

3 确定曲线段、曲率半径。

4 计算各段钻孔轨迹参数。

5.3.2 管线定向穿越导向孔轨迹线段宜由斜直线段、曲线段、水平直线段等组成,应根据管线技术要求、施工现场条件、施工机械等进行轨迹设计。

5.3.3 管线导向轨迹设计可按图 5.3.3 采用作图法或计算法确定。

1 作图法:入/出土角和曲线段的确定可按图 5.3.3 进行。

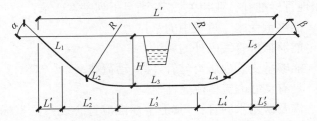

图 5.3.3 管线定向穿越导向孔轨迹设计示意

图中: α——钻进入土角(°);

β——钻进出土角(°);

R——入/出土造斜段管线曲率半径(m);

H——管线埋深(m);

L——管线穿越长度(m);

L_1——入土直线段长度(m);

L_2——入土弧线段长度(m);

L_3——管线水平直线段长度(m);

L_4——出土弧线段长度(m);

L_5——出土直线段长度(m);

L'——管线穿越水平长度(m);

L'_1——入土直线段投影的长度(m);

L'_2——入土弧线段投影的长度(m);

L'_3——水平段长度(m);

L'_4——出土弧线段投影的长度(m);

L'_5——出土直线段投影的长度(m)。

2 计算法:入/出土直线段和弧线段的计算可按图 5.3.3 及下列公式计算:

1) 管线入土直线段

$$L_1 = \frac{H - R \cdot (1 - \cos \alpha)}{\sin \alpha} \qquad (5.3.3-1)$$

2) 管线入土弧线段

$$L_2 = R \cdot \frac{\alpha \cdot 2\pi}{360} \qquad (5.3.3-2)$$

3) 管线出土弧线段长度

$$L_4 = R \cdot \frac{\beta \cdot 2\pi}{360} \qquad (5.3.3-3)$$

4) 管线出土直线段水平长度

$$L_5 = \frac{H - R \cdot (1 - \cos\beta)}{\sin\beta} \qquad (5.3.3\text{-}4)$$

5.3.4 入土角应符合下列要求：

1 入土角应根据设备机具的性能进行确定。

2 入土点距穿越障碍起点的距离应满足造斜要求。

3 应能达到敷管深度的要求，并满足管材最小曲率半径的要求。

4 地面始钻式的入土角宜为 $8°\sim20°$。

5.3.5 出土角应根据敷设管线类型、材质、管径确定。地面始钻式的出土角：钢管 $0°\sim8°$，塑料管 $0°\sim20°$。

5.3.6 穿越管段的曲率半径应根据管材、管径和现场条件选定，可参考下列公式：

1 钢管最小允许曲率半径应采用下式计算，也可采用不小于 $1\,200D$ 估算。

$$R_{\min} = 206D\,\frac{S}{K} \qquad (5.3.6\text{-}1)$$

式中：$R_{\min}$——最小曲率半径（m）；

　　　206——常数；

　　　D——管线的外径（mm）；

　　　S——安全系数，$S=1\sim2$；

　　　K——管线的屈服极限（MPa）。

2 HDPE 管的最小曲率半径应采用下式计算，也可采用不小于 $400D$ 估算。

$$R'_{\min} = \frac{ED}{2\delta_p} \qquad (5.3.6\text{-}2)$$

式中：$R'_{\min}$——HDPE 管线的曲率半径（m）；

　　　E——弹性模量（MPa）；

　　　D——管线的外径（m）；

δ_p——弯曲应力(MPa)。

    3 MPP 管的最小曲率半径应采用下式计算。

$$R''_\mathrm{min} = 75D \qquad (5.3.6-3)$$

式中：R''_min——MPP 管线的曲率半径(m)；

        D——管线的外径(m)。

    4 尼龙管的最小曲率半径不宜小于 200 倍管线外径。

    5 采用三维穿越时,穿越管段的最小曲率半径也应满足以上要求。

5.3.7 钻孔轨迹的曲线半径应满足钻杆的曲率半径要求,钻杆最小曲率半径宜以生产厂家给定的为准。

5.3.8 若敷设管线为集束管,应将集束管作为一个整体进行导向孔轨迹设计。

5.3.9 导向孔轨迹设计应根据地下原有管线或地下构筑物分布情况而调整曲线的形态。

5.3.10 导向孔轨迹设计应综合管线曲率半径、入土角、出土角、穿越深度和现场情况等条件计算确定。

5.4 工作坑(井)

5.4.1 管线定向穿越工程应根据场地条件、管线类型、管径、材质、埋深、地质条件情况设计起始工作坑(井)和接收工作坑(井)。

5.4.2 工作坑(井)土方开挖方式,分无支护开挖和有支护开挖两类。工作坑(井)开挖应配备必要的应急措施,并应满足下列要求：

    1 场地开阔,且位移限制要求不严,经验算能保证土坡稳定时,可采用无支护的放坡开挖。

    2 放坡开挖受限制时,应采用有支护的土方开挖方式。

5.4.3 工作坑(井)支护方法和适用条件可按表 5.4.3 选用。

表 5.4.3　工作坑(井)支护方法和适用条件

工作坑(井)支护方法	适用条件
钢筋混凝土板式支护体系	土质较软而且地下水较丰富; 渗透系数大于 $1×10^{-4}$ cm/s 的砂性土,覆土比较深的条件下
水泥土复合结构	开挖深度不超过 7 m
悬臂式桩墙	环境对位移限制不严且开挖深度小于或等于 4 m
钢板桩	土质较好,地下水深度大于 3 m 时; 渗透系数在接近 $1×10^{-4}$ cm/s 时的砂性土
放坡开挖	土质条件较好,地下水深度小于 3 m 时
钢板桩＋竖列板＋横支撑	受周边条件限制不能放坡开挖,深度小于 3 m 时

注:1　采用任何一种支护方法的工作坑(井),其整体刚度、稳定性和支撑强度应通过验算。施工时,应对其位移进行全过程监测。
　　2　工作坑(井)的降水方法应根据水文地质条件确定。

5.4.4　工作坑(井)支护应进行专项设计,且符合现行上海市工程建设规范《基坑工程技术标准》DG/TJ 08—61 的规定以及上海市基坑工程管理的规定。计算时,应按井点降水漏斗线确定地下水位。在含水地层中的工作坑(井),应进行降水与排水设计。

5.5　管线受力计算

5.5.1　管线回拖力主要取决于摩擦阻力、流体阻力、轴向拉力的总和及弯曲阻力等。回拖力在管线头部最大,因地下情况复杂,回拖力应分段估算。

5.5.2　管线定向穿越回拖力估算可参照公式(5.5.2-1):

$$F = (F_1 - G)K_1 \qquad (5.5.2-1)$$

$$F_1 = \frac{\pi}{4}D^2 L d_1 \qquad (5.5.2-2)$$

$$G = \frac{\pi}{4}(D^2 - D_1^2)Ld \qquad (5.5.2-3)$$

式中：F——回拉力（kN）；

$\quad F_1$——管线排开泥浆的重量（kN）；

$\quad G$——管线在空气中重量（kN）；

$\quad K_1$——管壁与孔壁之间摩擦系数，一般取 0.2～0.8；

$\quad D$——管线外径（m）；

$\quad D_1$——管线内径（m）；

$\quad d$——管线的比重（kN/m³）；

$\quad d_1$——泥浆的比重（kN/m³）；

$\quad L$——管线穿越段长度（m）。

5.5.3 设备安全回拖力 $F \leqslant 70\%$ 设备额定回拖力。

5.6 扩孔设计

5.6.1 扩孔设计应落实扩孔器的选用方案、扩孔器的扩孔级数、扩孔作业的参数及控制，包括钻压（根据地层可钻性等级和钻机设备能力等确定）、转速（根据地层成孔性、扩孔直径等确定）和泵量（根据返浆含砂量、流速和压力等确定）。

5.6.2 最终扩孔直径一般为敷设管径的 1.2 倍～1.5 倍，钢管可按表 5.6.2 确定。

表 5.6.2 最终扩孔直径

管线外径 D(mm)	最终扩孔直径 D_t(mm)
$D \leqslant 219$	$D_t \geqslant D + 100$
$219 \leqslant D \leqslant 610$	$D_t \geqslant 1.5D$
$D \geqslant 610$	$D_t \geqslant D + 300$

6 施 工

6.1 一般规定

6.1.1 管线定向穿越施工应按照设计要求进行,技术措施安全可靠,环境污染低,不破坏相邻管线与建筑物。

6.1.2 施工前应进行现场勘察,查明地下各类已有管线的情况,并编制详细的施工组织设计和专项施工方案,经监理、建设单位审查批准后方可实施。

6.2 测量放线

6.2.1 测量放线应包括下列内容:

　　1 根据设计图纸放出管线中心轴线。

　　2 确定钻机安装位置、工作坑位置、规划作业场地。

　　3 复核入土点、出土点坐标和两点间的水平距离。

6.2.2 在入土点,应根据管线中心轴线,测定钻机安装位置、蓄水池及钻进液池的占地边界线和工作坑等设施位置。

6.2.3 在出土点,应根据管线中心轴线、占地宽度(宜为 8 m～20 m)和长度(宜为穿越管线总长度加 20 m～50 m),放出管线组装场地边界线和工作坑占地边界线,并标出拖管车出入场地的路线和地点。在交通繁忙地段或场地受限时,可适量减小占地宽度和长度;穿越管段预制场地应平整,施工便道应具有足够的承载能力,管段预制场地应与入土点、出土点成一直线。若受场地条件限制,预制管线可适当弯曲,但弯曲度应满足敷设管线弯曲半径的要求,预制场地长度宜为穿越长度至少加 20 m。

6.3 设备选型与安装

6.3.1 各类管线穿越施工,应按照管线口径、行业技术标准要求,选择定向钻机类型。定向钻机类型及技术性能可按照表 6.3.1 确定。

表 6.3.1 管线定向钻机类型及技术性能

分类	小型	中型	大型	特大型
回拉力(kN)	<450	450~1 000	1 000~3 000	>3 000
扭矩(kN·m)	<30	20~50	50~100	>100
回转速度(r/min)	<150	90~120	70~100	0~50
功率(kW)	<180	100~240	240~600	>600
钻杆长度(m)	3.0~6.0	3.0~9.0	6.0~9.0	9.0~12.0
传动方式	链条、齿轮齿条	链条、齿轮齿条	齿轮齿条	齿轮齿条

6.3.2 导向仪的配置应根据定向钻机类型、穿越障碍物类别、探测深度和现场测量条件确定,可按照表 6.3.2 选用。

表 6.3.2 导向仪器类别及适用范围

仪器类别	适用范围
无线导向仪	在导向作业时间短、信号干扰小、不可控区域较短、导向长度较短的工程中选用; 导向深度在 0~20 m
有线导向仪	在信号干扰大、距离长或者深度较大的穿越工程中使用; 导向深度一般可达到 25 m
地磁导向仪	在信号干扰大、导向轨迹深度较大(无线和有线控向系统无法满足施工深度的要求)、不可跟测区域长的工程中选用

6.3.3 管线定向钻机安装与搬运应符合下列要求:

1 钻机应安装在管线中心线延伸的起始位置。

2 调整机架方位应符合设计的钻孔轴线要求。

3 钻机转轴与穿越中心线应保持在一条直线上，按钻机倾角指示装置调整机架，应符合轨迹设计规定的入土角，施工前应用导向仪复查或采用测量计算的方法复核。

4 钻机应安装牢固、平稳，钻机接地保护装置应固定牢靠，应采用钢板桩、地锚箱等地锚形式稳固钻机，地锚应能承受钻机的最大推进力及最大回拖力。经检验合格后方可试运转，并应根据穿越管线直径的大小、长度和钻具的承载能力调整回拖力。

5 钻机搬运时，特别要检查运输车辆防滑条是否完好，操作员应穿戴好安全鞋和安全帽，严格做好安全防护。

6.4 钻杆钻具

6.4.1 钻杆的选用与维护应符合下列规定：

1 钻杆的规格、型号应符合扩孔扭矩和回拖力的要求。

2 钻杆的螺纹应洁净，旋扣前应涂上丝扣油。

3 弯曲和有损伤的钻杆不得使用。

4 钻杆内不得混进土体和杂物，以免堵塞钻杆和钻具的喷嘴。

6.4.2 根据地层条件，定向穿越导向钻头的类型选择可按照表6.4.2进行。

表 6.4.2 导向钻头类型选择

土层类别	钻头类型
淤泥质黏土	较大掌面的铲形钻头
软黏土	中等掌面的铲形钻头
砂性土	小锥形掌面的铲形钻头
砂、砾石层	镶焊硬质合金，中等尺寸弯接头钻头
岩石	三牙轮钻头

6.4.3 根据地层条件，定向穿越扩孔器的类型选择可按照表6.4.3进行。

表 6.4.3 扩孔器类型适用的地层

扩孔器类型	适用地层
挤压型	松软的土层
切削型	软土层
组合型	地层适用范围广
牙轮型	硬土和岩石

6.5 工作坑(井)

6.5.1 起始、接收工作坑(井)应具有下列功能:

1 宜用作钻进液池的组成部分或兼作钻进液池。

2 宜兼作地质情况勘察和地下管线及构筑物调查的探坑。

3 是连接钻杆与拆卸钻具、管线的工作坑(井)。

6.5.2 起始工作坑(井)设置应符合下列规定:

1 应满足导向作业距离的要求。

2 应设在被敷设管线的中心线上。

3 应便于设置回收钻进液坑、泥浆循环池及泥浆净化设备。

4 应在钻进液调制箱旁设置钻进液储备装置。

5 钻进液储备装置和回收钻进液坑底及周边应进行围护。

6.5.3 接收工作坑(井)应符合下列规定:

1 应满足导向钻进、分级扩孔、管线回拖等施工工序中回收储存钻进液。

2 应设置在被敷设管线的中心轴线上。

3 位置应满足导向作业距离的要求。

4 应便于钻杆的连接操作。

6.5.4 工作坑(井)结构形式应由设计单位确定,井的尺寸根据工艺方法不同而定。入、出土点工作坑宽度宜为$(1.5D+1)$m(D 为管线外径),开挖深度应不低于 1.5 m。

6.5.5 工作坑(井)的开挖标准应根据管线材质、口径、入出土角及现场情况具体确定。当工作坑占地面积大于 4 m² 、深度大于 1.5 m 时,应根据现场条件、工程地质条件和水文地质条件、开挖深度、施工季节和施工作业设备采取相应支护措施,宜采用放坡开挖或基坑侧壁围护等措施。

6.5.6 泥浆循环池应符合下列规定:

1 在设备场地,依据场地和设备摆放情况,设计开挖泥浆循环池。

2 泥浆循环池一般由 3 个以上的坑池组成,从入土点孔口起依序是返回池、沉淀池、供浆池。坑池之间由沟槽连接,其间可设置泥浆净化设备。

3 泥浆循环池的大小根据泥浆返回量的多少确定,沉淀池可设计大一些或设计多个。

6.6 钻进液

6.6.1 管线定向穿越应按地层条件配制钻进液,钻进液性能指标的调整应符合下列要求:

1 黏度应能维护孔壁的稳定,并将钻屑携带到地表。钻进液黏度的现场测量宜用马氏漏斗,每 2 h 测量 1 次。钻进液黏度应根据地质情况按表 6.6.1 确定。

表 6.6.1 钻进液马氏黏度(s)

项目	管径	地层					
		黏土	粉质黏土	粉砂、细砂	中砂	粗砂、砾砂	岩石
导向孔	—	35~40	35~40	40~45	45~50	50~55	40~50
扩孔及回拖	Φ426 mm 以下	35~40	35~40	40~45	45~50	50~55	40~50
	Φ426~Φ711 mm	40~45	40~45	45~50	50~55	55~60	45~55
	Φ711~Φ1 016 mm	45~50	45~50	50~55	55~60	60~80	50~55
	Φ1 016 mm 以上	45~50	50~55	55~60	60~70	65~85	55~65

2 钻进液的失水量控制,一般地层的失水量宜控制在 10 ml/30 min～15 ml/30 min,水敏性易坍塌和松散地层失水量宜控制在 5 ml/30 min 以下。失水量应采用标准的气压式失水量仪测定。

3 膨润土含砂量应小于 2%,水源应使用清洁淡水,钻进液的 pH 值应控制在 8～10。

4 钻进液的比重宜控制在 1.02 g/cm³～1.25 g/cm³,现场可用标准泥浆比重计和比重秤进行测试。

6.6.2 钻进液应在专用的搅拌器和搅拌池中配制,并充分搅拌。

6.6.3 应根据地层条件选择钻进液压力和流量,并保持稳定的泥浆流。

6.6.4 钻进液配制应进行检测,施工现场的检测应包括下列内容:

1 配浆用水的 pH 值,可采用 pH 试纸检测。

2 钻进液的比重,可采用比重计或比重秤检测。

3 钻进液的黏度可采用马氏漏斗测定。

4 失水量可采用气压式失水量仪检测。

6.6.5 在导向孔钻进、扩孔及管线回拖时,应保持孔内钻进液的充盈。

6.7 管线焊接及安装

6.7.1 定向穿越管线预制场地宜设置在穿越轴线的延长线上,同时应满足穿越管线的长度要求和管线焊接作业要求。不能直线布管时,布管的曲率半径应符合管材性能要求。

6.7.2 钢管焊接必须按设计图纸的焊接要求执行,如设计图纸没有对钢管焊接提出具体要求,钢管焊接应按现行国家标准《现场设备、工业管道焊接工程施工规范》GB 50236 执行。

6.7.3 定向穿越敷管施工的 HDPE 管、MPP 管的接口应采用对

接热焊，热熔焊接翻边宽度值不应超过平均值的＋20 mm，HDPE
和 MPP 管焊接后应确保保压的冷却时间，必要时对焊缝进行涂
包保护。

6.7.4 管线焊接口的强度应不低于管体强度。

6.7.5 预制管线回拖前应完成全线焊接，若场地局限，也可分段
焊接。

6.7.6 各专业所采用的管材，其管线制作、防腐、检测和安装应
按有关行业标准执行。

6.8　导向孔钻进

6.8.1 导向孔钻进应符合下列规定：

1　钻机开动后，必须先进行试运转，确定各部分运转正常后
方可钻进。

2　第一根钻杆入土钻进时，应采取轻压慢转的方法；稳定入
土点位置，符合设计入土倾角后方可实施钻进。

3　导向孔钻进时，造斜段测量计算的间隔为每 0.5 m～
3 m，水平直线段测量计算可按 3 m～5 m 进行，测试参数应符合
设计轨迹要求，并按附录 C 要求记录导向数据。

4　曲线段钻进时，应按地层条件确定推进力，严禁钻杆发生
过度弯曲。

5　造斜段钻进时，一次钻进长度宜为 0.5 m～3.0 m，施工
中应控制倾斜角变化，并应符合钻杆极限弯曲强度的要求，采取
分段施钻，使倾斜角变化均匀。

6　钻进过程中，轨迹偏离误差不得大于钻杆直径的 1.5 倍，
否则应退回进行纠偏。

6.8.2 导向过程中遇到突然的振动、卡钻、扭矩变化等异常情
况，应立即停钻，待查明原因，解决问题后方可继续施工。

6.8.3 定向穿越长度超过 2 000 m 或入、出土两侧都下设套管

时,宜采用对接技术。

6.8.4 敷设钢管时,单根钻杆的最大折角应符合表 6.8.4 的要求。

表 6.8.4　钻杆折角

管线外径(mm)	单根钻杆最大折角(°)
325 以下	0.3
325～610	0.2
610 以上	0.1

6.9　分级扩孔

6.9.1 导向孔钻进完成后应及时卸下导向钻头,换上扩孔器进行扩孔。

6.9.2 扩孔应根据敷设管线的管径、地层条件、设备能力,分一次或几次逐级扩孔。根据现场地质条件、管线种类及入土角度,钢管扩孔的直径可按照表 5.6.2 选择。对管线运行沉降控制要求较高时,扩孔倍数宜取低值。应按附录 D 要求记录扩孔数据。

6.9.3 扩孔施工应根据地层条件,选择不同的扩孔器。扩孔器类型可按照表 6.4.3 选择。

6.9.4 扩孔时应随时调整钻进液黏度,以确保孔壁稳定,并按附录 G 要求记录钻进液配比。

6.9.5 除小口径短距离定向钻进穿越外,扩孔后均应进行至少1 次清孔作业。管线回拖敷设之前宜作一次或多次清孔,充分排除孔内岩屑和残留的泥渣,保持钻孔孔内清洁。应按附录 E 要求记录清孔数据。

6.9.6 地面冒浆控制应符合下列规定:

　　1　施工前应根据地层勘察资料,确定各阶段钻进液的配比、流量以及扩孔、回拖的速度。

2 施工过程中应加强巡视，及时发现冒浆点，采取有效清理措施，将其对环境的影响减少到最小。

6.10　管线回拖

6.10.1　扩孔孔径达到要求后应立即进行管线回拖，回拖前应检查已焊接完成的管线，确保管线长度、焊缝、防腐质量等符合要求。

6.10.2　管线回拖应符合下列规定：

1　回拖前，应认真检查钻具、旋转万向节、U形环和管线回拖管头等，确认其安全可靠。管线与钻具连接后，先供泥浆，检查钻杆、钻具内通道及各泥浆喷嘴是否畅通。

2　回拖管线时，宜将管线放在滚轮支架上。采用发送沟方法回拖管线时，管线发送沟的上口宽宜为 2 m～3 m，深度宜为 1.2 m～1.5 m，边坡比宜为 1∶0.7；管线发送沟设置的作业长度宜为 15 m～30 m，地段应平坦。应确保发送沟与管孔的自然衔接，发送沟内不得有石块、树根和其他硬物等，沟内应注水确保将管线浮起，避免管线底部与地层摩擦划伤防腐层。对遇有石块、卵石、砾石、坚硬岩石的地层，宜在防腐层外再涂覆耐磨层；回拖 DN800 mm 以上管线时，可在管线内放置配重管，以平衡管线浮力。

3　管线回拖应连续进行，实时观察记录回拖力、扭矩、钻进液压力等数据。回拖应匀速进行，避免突然停止或启动造成回拖力突降和突升；当回拖力、扭矩出现较大摆动时，应控制回拖速度。

4　若采取分段拖管敷设，段数不宜超过 2 段，连接管线的时间应尽量缩短。

5　管线回拖结束后，钻孔及管线外壁的间隙宜采取注浆加固措施，防止管线蠕动和沉降。

6.11 清理现场

6.11.1 管线回拖就位后，应卸下回拖管头，及时对管线两端进行封堵、包扎，避免钻进液体、渣土等杂物进入管内。

6.11.2 管线回拖后，应根据管线回拖力、材料物性、长度和温度等状况，静置一段时间，待轴向变形伸长量回缩后方可切断管线。当无法判定时，宜静置 24 h 以上再切断管线。

6.11.3 管线回拖到位后应放置 24 h 以上，方可与直埋管线连接。

6.11.4 工作坑宜用原生土或者其他填埋材料填埋压实，恢复到施工前的使用功能，并及时清理现场泥浆、渣土及废弃物。

6.11.5 地貌恢复后，入、出土点应设标识，标识的设置应符合国家和本市有关技术标准的规定。

6.12 施工监测

6.12.1 管线定向穿越工程施工应做好工程本体、围护体系和周围环境等的工程监测，并符合现行上海市工程建设规范《基坑工程施工监测规程》DG/TJ 08—2001、《地面沉降监测与防治技术规程》DG/TJ 08—2051、《市政地下工程施工质量验收规范》DG/TJ 08—236 等的规定。

6.12.2 施工监测范围应包括工作坑（井）以及管线施工影响范围内的沿线地表、既有管线、建（构）筑物等。

6.12.3 建设单位应根据工程特点、施工环境复杂程度等，委托有资质的第三方承担工程监测。监测前应编写工程监测方案，经审查批准后实施。监测方案内容应包含测点布设形式、测量精度、测量频率以及提交测量资料的方式等。工程监测警戒建议值应得到建设、设计及相关设施管理单位的确认。

6.12.4 监测频率及预警应符合下列规定：

1 地下管线、地表道路、建(构)筑物的跟踪测量过程及相关文件记录和编制，应符合国家和本市有关技术标准的规定。

2 监测仪器和设备应满足测量精度、抗干扰性等要求，须在校验或鉴定有效期内使用。

3 各类监测点(孔)应按经审批的监测方案布置，埋设有效率应满足工程监测需要，重要监测点损坏后应及时修复或重布。

4 工程监测频率应根据工程特点和环境要求确定；变化量达到警戒值时，应立即报警，并增加监测频率。

6.13 竣工测量

6.13.1 管线定向穿越工程完成后应及时采用管内直接法进行竣工测量，测量数据应符合国家相关保密规定。

6.13.2 管线竣工测量设备应符合下列规定：

1 能克服地形障碍及各种信号干扰。

2 能满足各种深度测量的需要。

3 设备标定的平面测量精度应不大于测量长度的±0.25%。

4 深度测量精度应不大于三维实际测量长度的±0.1%。

5 测量仪器应符合计量部门相关检定要求。

6.13.3 若管线定向穿越工程所敷设为集束管，竣工轨迹测量宜采用每束一孔测量；行业有规定的，按行业标准执行。

6.13.4 竣工测量完成后，应编制测量报告和绘制测量成果图，测量报告和成果图按各行业要求确定。

7 质量验收

7.1 一般规定

7.1.1 各类管线定向穿越工程的施工单位应具备定向穿越工程施工资质,应建立健全质量安全保证体系和施工质量安全管理制度,应严格执行施工质量安全控制和检查检验制度。

7.1.2 工程施工质量控制应符合下列规定:

1 工程所有的主要原材料、管材、管件等应进行进场验收。进场验收时,应检查每批产品的订购合同、质量合格证书、性能检验报告、使用说明书、进口产品的商检报告及证件等,并按国家有关标准规定进行复验,验收合格后方可使用。

2 各工序应按施工技术规范、标准进行质量控制,每道工序完成应进行检验,凡检验不合格的不得验收。

3 上下道工序之间,应进行交接检验,交接检验不合格不得进行下道工序施工。

4 产品进场验收、工序交接检验应有记录,并经监理工程师(或建设单位相关项目负责人)检查认可。

5 现场检验检测的计量器具、检测仪器、试验设备,必须经法定计量机构的计量检定、校准合格,且在计量有效鉴定期内方可使用。

7.1.3 施工组织设计应按其审批程序报批,获批准后方可实施;施工中需修改或补充时,应履行原审批程序。

7.1.4 施工单位应按合同规定或经过审批的设计文件进行施工。发生设计变更及工程洽商应按国家现行有关规定程序办理设计变更与工程洽商手续,并形成文件。严禁按未批准的设计变更进行施工。

7.1.5 施工前,应由建设单位或施工单位委托具有相应资质的测绘单位进行地下管线跟踪测量,测量过程及相关文件记录和编制应符合国家和本市的有关技术标准和规范的规定。

7.1.6 管线工程完工后应由施工单位进行自检,必须进行管线轨迹三维测量,测量图应显示管线的三维坐标。

7.1.7 施工单位自检合格后应由专业测量单位测定已敷设管线的位置,作出管线竣工测量图。

7.1.8 工程施工质量验收应在施工单位自检基础上,按分项工程、分部工程、单位工程的顺序进行(验收记录按本标准附录 H 执行),并应符合下列规定:

    1 工程施工质量除应符合本标准的规定外,还应符合国家和相关行业工程质量验收规范的规定。

    2 工程施工质量应符合设计文件的要求。

    3 参加工程施工质量验收的各方人员应具备相应的资格。

    4 工程施工质量的验收应在施工单位自行检查、评定合格的基础上进行。

    5 隐蔽工程在隐蔽前应由施工单位通知监理等单位进行验收,并形成验收文件。

    6 涉及结构安全和使用功能的试块、试件和现场检测项目,应按规定进行平行检测或见证取样检测。

    7 分项工程(验收批)的质量应按主控项目和一般项目进行验收;每个检查项目的检查数量,除本标准有关条款有明确规定外,应全数检查。

    8 涉及结构安全和使用功能的分部工程应进行试验或检测。

    9 承担检测的单位应具有相应资质。

    10 外观质量应由质量验收人员通过现场检查共同确认。

7.1.9 分部工程、分项工程(检验批)的划分可按表 7.1.9 在工程施工前确定。

表 7.1.9　管线定向穿越工程分部、分项工程划分

单位工程	管线定向穿越工程	
分部工程	分项工程	备注
工作坑	基坑围护、地基处理及降排水、基坑开挖、内部结构、基坑回填、工作坑	除工作坑分项工程执行本标准第 7.2 节规定外,其他分项工程、验收批按现行上海市工程建设规范《市政地下工程施工质量验收规范》DG/TJ 08—236 的规定执行
管线敷设	管线接口连接(钢管、塑料管)、钢管防腐层(内防腐层、外防腐层)、管线回拖	除管线回拖分项工程执行本标准第 7.2 节规定外,其他分项工程、验收批按相关行业现行规范的规定执行。每 100 m 宜为一个验收批
附属工程	井室(现浇混凝土结构、砖砌结构、预制拼装结构)设备安装(阀门、弯头、伸缩节等)、钢管阴极保护	分项工程、验收批的划分和质量验收按相关行业现行规范的规定执行

7.1.10 分项工程(检验批)质量验收合格应符合以下规定:

1 主控项目的质量检验应全部合格。

2 一般项目的平均检查合格率应大于 80%。

3 质量保证资料齐全,并具有完整的施工操作依据和质量检查记录。

7.1.11 分部工程质量验收合格应符合下列规定:

1 分部工程所含分项工程的质量验收应全部合格。

2 质量控制资料应完整。

3 分部工程中,地基基础处理、围护结构完整性、混凝土结构(钢筋连接、抗压强度、抗渗等级)、砂浆强度、管线接口连接、钢管防腐层、管线预水压、管线控向位置、管线设备安装调试、阴极保护安装测试、回填压实等涉及结构安全和使用功能的检验和抽样检测结果应符合各行业规范的有关规定。

4 外观质量验收应符合各行业规范要求。

7.1.12 单位工程质量验收合格应符合下列规定：

1 单位工程所含分部工程的质量验收应全部合格。

2 质量控制资料应完整。

3 单位工程所含分部工程有关安全及使用功能的检测资料应完整。

4 涉及压力管线水压试验、无压管线严密性试验、管线内通管检验、管线轨迹测量、无压管线水力坡度检验、钢管外防腐完整性检验、钢管阴极保护系统、管线设备运行等的试验检测、抽查结果应符合本标准规定。

5 外观质量验收应符合各行业规范要求。

7.1.13 工程验收的组织、程序、内容、标准等应按国家现行相关标准的规定执行。对符合竣工验收条件的单位工程,应由建设单位按规定组织验收。施工、勘察、设计、监理等单位有关负责人以及该工程的管理或使用单位有关人员应参加验收。

7.1.14 单位工程质量验收合格后,建设单位应按规定将竣工验收报告和有关文件报工程所在地建设行政主管部门。

7.1.15 工程竣工后,建设单位应向原审批的城市规划管理部门申请规划验收;经验收合格后,建设单位应按有关规定向城市建设档案管理机构报送管线工程竣工档案。

7.2 工作坑(井)

7.2.1 工作坑(井)的围护结构、地基处理及降排水、基坑开挖、内部结构、基坑回填等分项工程施工质量验收应按现行上海市工程建设规范《市政地下工程施工质量验收规范》DG/TJ 08—236 的规定执行,并符合国家现行相关标准的规定。

7.2.2 工作坑(井)应符合下列规定:

Ⅰ 主控项目

1 地基处理、主体结构所用的工程原材料质量应符合国家现行相关标准的规定和设计要求。

检查方法:检查产品质量合格证、出厂检验报告和进场复验报告。

2 基坑结构的强度、刚度、稳定性以及坑内尺寸应符合设计要求;工作坑结构应无滴漏和线流水,无明显渗水现象。

检查方法:观察;检查相关施工、检验、分项工程验收记录。

3 混凝土结构的抗压强度等级、抗渗等级符合设计要求。

检查数量:同一配合比混凝土,每工作班且每浇筑 100 m³ 为一个检验批,抗压强度试块留置不应少于 1 组;每浇筑 500 m³ 混凝土抗渗试块留置不应少于 1 组。

检查方法:检查混凝土浇筑记录,检查试块的抗压强度、抗渗试验报告。

4 钻架安装位置应满足设计要求的钻头入土点、入土角。

检查方法:观察;检查钻机安装记录;用经纬仪、水准仪等测量。

Ⅱ 一般项目

5 钻进设备的地锚、基座、基础等应坚实、平整。

检查方法:逐个观察;检查相关施工记录。

6 钻机应安装牢固、平稳,倾角符合轨迹设计要求。

检查方法:观察;检查钻机安装、导向仪测量、倾角指示装置记录,检查钻机调试检验记录等。

7 工作坑(井)施工的允许偏差应符合表 7.2.2 的规定。

表 7.2.2 工作坑(井)施工允许偏差

	检查项目		允许偏差(mm)	检查数量		检查方法
				范围	点数	
1	坑(井)中心轴线位置		20	每座	沿管线水平轴线纵、横向各1点	用经纬仪、钢尺等测量
2	坑(井)底高程		±20		1点	用水准仪、钢尺测量
3	坑(井)平面净尺寸		不小于设计要求		中心轴线长、宽各1点	用钢尺测量
4	钻机安装位置	基座(导轨)高程	±3		四角各1点	用水准仪测量、水平尺量测
		轴线位置	3		沿管线水平轴线向2点	用经纬仪、导向仪测量
		倾角	±0.5°		1点	用倾角指示仪、经纬仪量测

7.3 管线敷设

7.3.1 钢管接口连接应符合下列规定：

Ⅰ 主控项目

1 管材、焊材等的性能、规格等应符合国家现行相关标准的规定和设计要求。

检查方法：检查产品质量保证资料；检查成品管进场验收记录。

2 管节端面的坡口角度、钝边、间隙应符合设计和焊接工艺要求。

检查方法：逐口检查，用量规量测；检查坡口记录。

3 焊口错边应不大于设计要求；焊口任何位置不得有十字形焊缝，两管口螺旋焊缝或直焊缝间距错开应不小于 100 mm。

检查方法：逐口检查，用长 300 mm 的直尺在接口内壁周围顺序贴靠量测错边量。

4 焊缝的外观质量等级应符合设计文件的要求，且不得低于现行国家标准《现场设备、工业管道焊接工程施工规范》GB 50236 规定的Ⅱ级质量要求。

检查方法：逐环观察（用焊接检验尺、游标卡尺、钢尺等量测辅助检查）；检查焊缝外观质量检验报告、焊接施工记录。

5 焊缝的内部质量应进行无损检验，其检验方法、检验数量、焊缝质量等级应符合设计文件要求，且其射线照相检验不应低于现行国家标准《无损检测 金属管道熔化焊环向对接接头射线照相检测方法》GB/T 12605 中的Ⅱ级质量要求；超声波检验不应低于现行国家标准《焊缝无损检测 超声检测 技术、检测等级和评定》GB 11345 中的Ⅰ级质量要求。

检查方法：所有接口焊缝应按设计要求进行 100% 无损检验；检查无损检测记录和检验报告。

6 不合格的焊缝应返修，同一焊缝返修次数不得超过 2 次。

检查方法：检查焊缝外观质量检验报告、无损检验报告，检查焊接施工记录；对照焊接作业文件检查焊缝二次返修技术资料、返修后的检验报告等。

Ⅱ　一般项目

7 管节组对前，应将坡口及其内外侧表面不小于 10 mm 范围内的油、漆、垢、锈、毛刺等污物清除干净，且不应有裂纹、夹层等缺陷。

检查方法：逐环观察；检查钢管接口组对记录、焊接施工记录。

8 焊材的烘干应符合焊接作业文件要求。

检查方法：对照设计文件及焊接作业指导文件检查焊条的烘干记录、焊接施工记录。

9 焊接的作业环境应符合国家现行相关标准的规定和焊接

作业文件的要求。

检查方法：检查焊接施工记录；用温湿度计对焊接区的温度、湿度进行检查；根据气象信息记录当天的风速。

10 对有焊前预热或焊后热处理规定的焊缝，焊接前应检查预热区域的预热温度或热处理温度。预热温度、预热宽度及焊后热处理温度、焊后热处理宽度应符合设计文件和焊接作业文件的要求。

检查方法：对照设计文件及焊接作业文件检查预热温度、预热宽度及焊后热处理温度、焊后热处理宽度，检查焊接施工记录；用自动测温仪检查。

11 焊缝定位应符合设计文件和焊接作业文件的要求。

检查方法：逐环观察（用钢尺、卡尺等量测辅助检查）；检查焊接作业文件、焊接材料质量合格证明书，检查焊接施工记录。

12 对焊缝层数、道数有明确规定时，焊接层数、每层厚度及层间温度应符合焊接作业文件要求。每层焊完后，应立即对层间进行清理，层间焊缝质量经检验合格。

检查方法：逐环观察；对照设计文件及焊接作业文件检查每层焊缝检验记录，检查焊接施工记录。

7.3.2 钢管外防腐层应符合下列规定：

Ⅰ 主控项目

1 钢管外防腐层材料的规格品种、技术性能应符合国家现行相关标准的规定和设计文件的要求，并应在有效期内使用。

检查方法：按现行相关标准进行检查；检查每批防腐（包括补口、补伤）材料质量证明书、技术性能检验及适用性试验报告、产品使用说明、复验报告。

2 防腐成品管及管线补口的防腐层结构和防腐等级应符合国家现行相关标准的规定和设计文件的要求。

检查方法：检查每批成品管及补口的绝缘防腐层施工质量合格证明书、性能检验报告。

3 防腐成品管及管线补口的防腐层外观质量检验、厚度、电火花检漏、粘结力应符合表 7.3.2-1～表 7.3.2-5 的规定。

表 7.3.2-1 防腐层外观质量检验标准

材料种类	外观质量要求	检查数量	检查方法
挤压聚乙烯	平滑、色泽均匀,无暗泡、麻点、皱折、裂纹现象	全数检查	观察
熔结环氧粉末	平整、色泽均匀,无气泡、开裂、缩孔和流淌现象;允许轻度桔皮状花纹		

表 7.3.2-2 绝缘防腐层厚度要求(1)

材料种类	防腐层等级	干膜总厚度(mm)	检查数量			检查方法
			防腐成品管	补口	补伤	
挤压聚乙烯	普通级	1.8～3.0	每 20 根为 1 组(不足 20 根按 1 组),每组抽查 1 根。测管两端和中间共 3 个截面,每截面测互相垂直的 4 点	逐个检测,每个补口随机抽查 1 个截面,每个截面测相垂直的 4 个点(其中熔结环氧粉末、涂料类补口,测焊口两侧各 1 个截面)	逐个检测,每个补伤处随机测 1 点	用测厚仪检测
	加强级	2.5～3.7				
熔结环氧粉末	普通级	≥0.3	逐根检测,测管两端和中间共 3 个截面,每截面测互相垂直的 4 点			
	加强级	≥0.4				

注:挤压聚乙烯防腐层总膜厚度取值见表 7.3.2-2(焊缝部位最小厚度不应小于表中值的 70%)。

表 7.3.2-3 绝缘防腐层厚度要求(2)

钢管公称直径 DN (mm)	环氧粉末涂层(μm)	胶粘剂层(μm)	防腐层最小厚度(mm)	
			普通级	加强级
≤100	≥80	170～250	1.8	2.5
100＜DN≤250			2.0	2.7
250＜DN＜500			2.2	2.9
500＜DN＜800			2.5	3.2
≥800			3.0	3.7

表 7.3.2-4　绝缘防腐层检漏电压

材料种类	检漏电压			检查数量	检查方法
	普通级	加强级	特加强级	每根防腐成品管、每个补口处、每个补伤处	用电火花检漏仪逐根连续检测,检漏仪探头移动速度不大于 0.3 m/s,在检漏电压下以不打火花为合格
挤压聚乙烯	15 kV		—		
熔结环氧粉末	5 V/μm				

注:挤压聚乙烯的电火花检漏电压值为施工现场进行检验时的要求。当在工厂出厂检验时,其电火花检漏电压值应取 25 kV。

表 7.3.2-5　钢管绝缘防腐层粘结力(现场检测要求)

材料种类	检查要求		检查数量			检查方法
			防腐成品管	补口	补伤	
挤压聚乙烯	剥离强度	20℃±5℃	二层:≥70 N/cm 三层:≥100 N/cm	每 50 根为 1 组(不足 50 根按 1 组),每组抽 1 根,每根 1 处	—	每 100 个抽 1 处	按 SY/T 0413 规定执行
		50℃±5℃	二层:≥35 N/cm 三层:≥70 N/cm			
熔结环氧粉末(补口)	附着力	环境温度下,尖刀水平推力时,涂层呈碎末状剥离,不得成片状剥离		每天首道补口	—	按 SY/T 0315 规定执行

Ⅱ　一般项目

4　钢管表面除锈质量等级应符合国家现行相关标准的规定和设计文件的要求。设计文件无要求时,工具除锈应达到 St3 级,喷(抛)射除锈应达到 Sa2.5 级,化学除锈应达到 Pi 级。

检查方法:观察;检查每批绝缘防腐管生产厂提供的除锈等级报告,对照典型样板照片检查补口处的除锈质量,检查除锈施工方案。

5 防腐层涂覆前,应清除钢管外表面的油污、灰尘等杂质;焊接表面处理应光洁,无毛刺、焊瘤、棱角;表面粗糙度符合现行相关标准的规定。

检查方法:逐个观察(用粗糙度检测仪检测辅助检查)。

6 采用热收缩套(带)、补口胶粘带进行补口时,其补口与成品管防腐层的搭接宽度应不小于 100 mm;采用熔结环氧粉末进行补口时,其补口与成品管防腐层的搭接宽度应不小于 25 mm。

检查方法:观察;用钢尺量测(偏差±5%宽度或长度范围内为合格),其中防腐成品管抽检 10%、补口处全检。

7 对于挤压聚乙烯,补伤片搭接宽度不应小于 100 mm,补伤片四周胶粘剂均匀溢出;损伤大于 30 mm 时,在补伤片补贴后,还应在修补处包覆热收缩带,其包覆宽度应比补伤片的两边至少各大于 50 mm。

检查方法:逐个观察(用钢尺量测辅助检查);检查补伤记录。

8 对于熔结环氧粉末,补伤搭接宽度不应小于 25 mm;损伤面积较大或较严重时,应重涂。

检查方法:逐个观察(用钢尺量测辅助检查);检查补伤记录。

7.3.3 塑料管接口热熔连接应符合下列规定:

Ⅰ 主控项目

1 管材规格、性能应符合国家现行相关标准的规定和设计要求;施工现场管材表面不得有影响结构安全、使用功能及接口连接的质量缺陷;管内、外壁应光滑、平整,无气泡、裂纹、脱皮和严重的冷斑及明显的痕纹、凹陷;管节不得有异向弯曲,端口应平整。

检查方法:检查产品质量保证资料;检查成品管进场验收记录。

2 接口焊接参数应以管材生产厂家和焊接设备生产厂家提供的数据为依据,通过试验确定和控制。

检查方法:检查焊接作业文件,检查焊接参数试验记录,检查熔焊连接施工记录。

3 热熔对接连接焊缝应完整,无缺损和变形现象;焊缝连接应紧密,无气孔、鼓泡和裂缝;凸缘形状大小均匀一致,接头处有沿管节圆周平滑对称的外翻边,翻边最低处的深度不低于管节外表面;对接错边量不大于管材壁厚的10%,且不大于3 mm。

检查方法:观察;检查熔焊连接工艺试验报告和焊接作业指导书,检查熔焊连接施工记录、熔焊外观质量检验记录、焊接力学性能检测报告。

现场翻边切除检查:翻边应实心和圆滑,根部较宽;翻边下侧不应有杂质、气孔、扭曲和损坏;弯曲后不应有裂纹,焊接处不应有连接线。

检查数量:外观质量全数检查;熔焊焊缝焊接力学性能试验每100个接头不少于1组;现场进行破坏性检验或翻边切除检验(可任选一种)时,现场破坏性检验每30个接头不少于1个,现场翻边切除检验不少于20%接头。

Ⅱ 一般项目

4 熔焊连接设备的控制参数满足焊接工艺要求;设备与待连接管的接触面无污物,设备及组合件组装正确、牢固、吻合。

检查方法:观察,检查专用熔焊设备质量合格证明书、校检报告,检查熔焊记录。

5 熔焊连接时相邻管两端面保持平行,两连接管轴线一致;焊后冷却期间接口未受外力影响。

检查方法:观察;检查熔焊连接记录;挂中线用钢尺量测。

7.3.4 管线回拖应符合下列规定:

Ⅰ 主控项目

1 管材、防腐层等产品质量应符合国家现行相关标准的规定和设计要求。

检查方法:检查产品质量保证资料;检查产品进场验收记录。

2 管线回拖前,管线接口连接、钢管外防腐层的质量经检验合格,管线预水压检验合格。

检查方法:管节及接口全数观察;检查接口连接、钢管防腐的检验记录或报告以及分项工程验收记录;检查管线预水压检验记录。

管线预水压检验:组对拼装后,管线预水压试验应按国家现行相关标准规定和设计要求进行。

3 管线轨迹应和顺,曲直过渡平缓,无突变、变形现象;施工曲率半径符合设计要求,严禁出现小于该管材的最小允许曲率半径。

检查方法:观察;检查导向钻进、扩孔、回拖、布管施工记录,检查管线轨迹测量记录;用导向定位仪探测。

Ⅱ 一般项目

4 导向孔钻进、扩孔、管线回拖及钻进液/泥浆灌注等符合作业规程的规定,回拖力无突升或突降现象。

检查方法:检查施工方案,检查相关施工记录和钻进液/泥浆性能检验记录。

5 管线布置和管线回拖时,管线表面、钢管外防腐层无损伤,管线回拖平稳,无轴向扭曲、环向变形和明显轴向突弯折弯等现象;回拖完成后,拉出暴露的管段外形完整,钢管外防腐层完好、附着紧密。

检查方法:观察。

6 定向穿越管线应按规定时间静置后方可与相邻管线、附件等连接;工作坑内洞圈封闭处置、管壁与孔壁之间泥浆置换符合设计要求。

检查方法:观察;检查相关施工记录。

7 定向穿越管线的允许偏差应符合表 7.3.4 的要求。

表 7.3.4　定向穿越管线的允许偏差

检查项目			允许偏差(m)	检查数量		检查方法
				范围	点数	
1	入土点位置	平面轴向、平面横向	0.02	每个工作坑的入、出土点	各1点	用全站仪、GPS或经纬仪、水准仪、钢尺测量
		垂直向高程	±0.02			
2	出土点位置	平面轴向	1%L,且≤2.0(1.0)			
		平面横向	0.2%L,且≤1.0(0.8)			
		竖向高程 压力管线、电缆管线	±0.5			
		无压管线	±0.05			
3	导向孔轨迹与设计轨迹偏移量		0.5	每3m长	不少于1点	用导向测量仪测量
4	成孔管线与设计管线的偏移量		0.5%L,且≤1.5(0.5)	每1m~2m长	各1点	用轨迹测量仪测量

注：1　表中括号内的数值为特殊地区的允许偏差值。
　　2　表中 L 为穿越管线水平直线段长度(m)。
　　3　定向穿越管线工程的允许偏差应符合国家现行相关标准的规定。

7.4　管线功能性检验

7.4.1　管线定向穿越施工完成后,应进行管线结构功能的检验。

7.4.2　输油、输气管线工程应按国家现行相关标准的规定进行管线强度、严密性试验以及吹扫、清通检验。

7.4.3　给水管线工程应按国家现行相关标准的规定进行管线水压试验和冲洗消毒。

7.4.4　排水管线工程应按国家现行相关标准的规定进行管线严密性试验。

7.4.5　电力、信息管线工程等采用塑料管材的,应按国家现行相

关标准的规定进行管线通管检验，管线环向椭圆变形不应大
于5%。

7.5 竣工验收文件

7.5.1 竣工验收应具有下列技术文件：

    1 图纸会审记录、技术交底记录、施工组织设计等。

    2 材料、设备、仪表等的出厂合格证明或检验报告。

    3 施工过程记录控向、推拉力、扭矩、钻进液压力等数据。

    4 管内竣工测量报告、测量成果图。

    5 竣工图纸：

        1）竣工图的比例与施工图一致；

        2）竣工图应反映管线实际位置与其他市政设施特殊处理
        的部位概况等。

7.5.2 竣工验收应具有下列检验合格记录：

    1 各种测量记录。

    2 隐蔽工程验收记录。

    3 沟槽开挖及回填合格记录。

    4 防腐绝缘合格记录。

    5 焊接外观检查记录和无损探伤检查记录。

    6 管线清扫合格记录。

    7 强度和严密性试验合格记录。

    8 施工中受检的其他合格记录。

附录 A 地基土类别

A. 0. 1 地基土类别应按表 A. 0. 1 的划分标准进行划分。

表 A. 0. 1 地基土类别及其定名划分标准

土的类别及名称		划分标准	
		按塑性指数 I_p	按颗粒组成百分数
黏性土	黏土	$I_p > 17$	
	粉质黏土	$10 < I_p \leqslant 17$	
粉性土	粘质粉土	$I_p \leqslant 10$	粒径小于 0. 005 mm 的颗粒含量等于或大于全重的 10%,小于等于全重的 15%
	砂质粉土		粒径小于 0. 005 mm 的颗粒含量小于全重的 10%
砂土	粉砂		粒径大于 0. 074 mm 的颗粒含量占全重的 50%~85%
	细砂		粒径大于 0. 074 mm 的颗粒含量大于全重的 85%
	中砂		粒径大于 0. 25 mm 的颗粒含量大于全重的 50%
	粗砂		粒径大于 0. 50 mm 的颗粒含量大于全重的 50%
	砾砂		粒径大于 2 mm 的颗粒含量占全重的 25%~50%

注:1 对砂土定名时,应根据粒径分组,从大到小由最先符合者确定;当其粒径小于 0. 005 mm 的颗粒含量大于全重的 10%时,按混合土定名,如"含黏性土细砂"等。

2 砂质粉土的工程性质接近砂粉。

3 $I_p = 10 \sim 12$ 的低塑性土,应以颗分定名为准。

4 塑性指数的确定,液限以 76 g 圆锥仪入土深度 10 mm 为准;塑限以搓条法为准。

5 当有机质含量 $\xi \geqslant 5\%$ 时,可按下列原则定名:$5\% \leqslant \xi \leqslant 10\%$ 时,定为有机质土;$10\% < \xi \leqslant 60\%$ 时,定为泥炭质土;$\xi > 60\%$ 时,定为泥炭。

6 天然含水量大于液限,且天然孔隙比大于 1.0 的粉质黏土及天然含水量大于液限,且天然孔隙比大于 1.3 的黏土,分别称为淤泥质粉质黏土及淤泥质黏土。

附录 B 地下管线的物探方法

B.0.1 地下管线的物探方法可根据定向穿越工程区域内地下设施的特点,按表 B.0.1 选用。

表 B.0.1 探测地下管线的物探方法

探测方法			基本原理	特点	适用范围
电磁波	被动源法	工频法	利用载流电缆或工业游散电流在金属管线中感应的电流所产生的电磁场	方法简便、成本低、工作效率高	在干扰小场地,用来探测动力电缆或金属管线
		甚低频法	利用甚低频无线电发射台所发射的无线电信号在金属管线中感应的电流所产生的电磁场	方法简便、成本低、工作效率高,但精度低、干扰大,其信号强度与无线电台和管线的相对方位有关	在一定的条件下,可用来搜索电缆或金属管线
	主动源法	直接法	利用直接加到被测金属管线上的电磁信号	信号强、定位和定深精度高,且不易受到邻近管线的干扰,但必须有管线出露点	用于精确定位、定深或追踪各种金属管线
		夹钳法	利用专用管线仪配备的夹钳套在金属管线上,通过夹钳上感应线圈把信号直接加到金属管线上	信号强、定位和定深精度高,且不易受到邻近管线的干扰,但必须有管线出露点,且被探测管线的直径受夹钳大小的限制	金属管线直径较小且有出露点时,可作精确定位、定深或追踪
		电偶极感应法	利用发射机两端接地产生的一次电磁场对金属管线产生的二次电磁场	信号强,不需管线出露点,但必须有良好的接地条件	可用来搜索和追踪金属管线

探测方法		基本原理	特点	适用范围
电磁波	主动源法 磁偶极感应法	利用发射线圈产生的电磁场,使金属管线产生感受电流,形成电磁异常	发射、接收均不需接地,操作灵活、方便、效率高,效果好	可用于搜索,也可用于定位、定深和追踪
	示踪电磁法	将能发射电磁信号的示踪探头或电缆进入非金属管线内,在地面上用仪器追踪信号	能用探测金属管线的仪器探测非金属管线,但必须有放置示踪的出入口	用于探测有出入口的非金属管线
	电磁波法	利用脉冲雷达系统,连续地向地下发射脉冲宽度为几微秒的视频脉冲,接收反射回来的电磁脉冲信号	既可探测金属管线,又可探测非金属管线,但仪器价格昂贵	在常规方法无法探测时,可用来探测各种金属管线和非金属管线
直流电法	电阻率法	采用高密度或中间梯度装置,在金属或非金属管线上产生低阻异常或高阻异常	可利用常规直流电法探测地下管线,探测深度大,但供电和测量均需接地	在接地条件好的场地探测直径较大的金属或非金属管线
	充电法	直流电源的一端接到被测的金属管线,另一端接地,利用金属管线被充电后在其周围产生的电场	追踪地下金属管线精度高,探测深度大,但供电时金属管线必须有出露点,测量时必须接地	用于追踪具备接地条件和出露点的金属管线
磁法	磁强FDFE法	利用金属管线与周围介质之间的磁性差异,测量磁场的垂直分量	可用常规磁法勘探仪器探测铁磁性管线,探测深度大,但易受附近磁性体的干扰	在磁性干扰小的场地探测埋深较大的铁磁性管线
	磁梯度法	测量单位距离内地磁场强度的变化	对铁磁性管线或井盖的灵敏度高,但受磁性体的干扰大	用于探测掩埋的井盖

探测方法		基本原理	特点	适用范围
地震波法	浅层地震法	利用地下管线与其周围介质之间的波阻抗差异,用反射法作浅层地震时间剖面	探测深度大,时间剖面反映管线位置直观,但探测成本高	在其他探测方法无效时,用于探测直径较大的金属或非金属管线
	面波法	利用地下管线与其周围介质之间的面波波速差异,测量不同频率激振所引起的面波波速	较浅层地震法简便,可探测金属和非金属管线。目前还处于研究阶段	用于探测直径较大的非金属管线
红外线辐射法		利用管线或其充填物与周围土层之间温度的差异	探测方法简便,但必须具备温差这一前提	用于探测暖气管线或水管漏水点

附录 C 管线定向穿越工程导向记录表

C.0.1 管线定向穿越工程导向过程记录表应由专人填写,并按表 C.0.1 记录。

表 C.0.1 管线定向穿越工程导向记录表

工程名称:									
承建单位:					施工班组:				
施工地点:					施工日期:				
钻机型号:					导向设备:				
开钻时间:		结束时间:			导向员:			记录员:	
序号	钻杆数	距离(m)	深度(m)		方位角(°)	左右偏差(mm)	倾斜角(°)		备注
			设计	实际			设计	实际	
施 工 单 位 质量检查结果	施工员: 班长: 质检员: 年 月 日								
监理或建设单位 验 收 结 论	监理工程师: 建设单位项目负责人: 年 月 日								

附录 D 管线定向穿越工程扩孔记录表

D.0.1 管线定向穿越工程扩孔记录表应由专人填写,并按表 D.0.1 记录。

表 D.0.1 管线定向穿越工程扩孔记录表

回扩孔径(＿＿＿mm)

工程名称:			地点:			施工长度:		
司钻员:			记录员:		日期:		钻机型号:	
开机时间:		关机时间:		天气:			钻杆长度:	
序号	钻杆数	扭距 (kN·m)	回拉力 (kN)	泥浆压力 (MPa)	序号	钻杆数	扭距 (kN·m)	回拉力 (kN)	泥浆压力 (MPa)
施工单位质量检查结果	施工员: 班长: 质检员:							年 月 日	
监理或建设单位验收结论	监理工程师: 建设单位项目负责人:							年 月 日	

附录 E 管线定向穿越工程清孔记录表

E.0.1 管线定向穿越工程清孔过程应按表 E.0.1 进行记录。

表 E.0.1 管线定向穿越工程清孔记录表

工程名称：				地点：				施工长度：		
司钻员：			记录员：			日期：			钻机型号：	
开机时间：			关机时间：			天气：			钻杆长度：	
序号	钻杆数	扭距(kN·m)	回拉力(kN)	泥浆压力(MPa)	序号	钻杆数	扭距(kN·m)	回拉力(kN)	泥浆压力(MPa)	
施工单位质量检查结果		施工员：		班长：		质检员：		年 月 日		
监理或建设单位验收结论		监理工程师：		建设单位项目负责人：			年 月 日			

附录 F 管线定向穿越工程回拖记录表

F.0.1 管线定向穿越工程回拖过程应按表 F.0.1 进行记录。

表 F.0.1 管线定向穿越工程回拖记录表

工程名称：			地点：			施工长度：		
回拖孔径：		孔数：			组合后管径：			
司钻员：		记录员：		日期：			钻机型号：	
开机时间：		关机时间：		天气：			钻杆长度：	
序号	钻杆数	扭距 (kN·m)	回拉力 (kN)	泥浆压力 (MPa)	序号	钻杆数	扭距 (kN·m)	回拉力 (kN)	泥浆压力 (MPa)
施工单位质量检查结果	施工员： 班长： 质检员： 年 月 日								
监理或建设单位验收结论	监理工程师： 建设单位项目负责人： 年 月 日								

附录 G 钻进液配比记录表

G.0.1 钻进液配置过程应按表 G.0.1 进行记录。

表 G.0.1 钻进液配比记录表

工程名称：		
施工地点：		泥浆工：
配制时间：		配制容量(m^3)：
钻进液用途：		
pH 值：		马氏漏斗黏度(s)：
失水量(ml/30 min)：		比重(g/cm^3)：
成分：	加量(kg)：	
施工单位 质量检查结果	施工员： 班长： 质检员：	年 月 日
监理或建设单位 验收结论	监理工程师： 建设单位项目负责人：	年 月 日

附录 H 分项工程、分部工程、单位工程质量验收记录表

H.0.1 检验批的质量验收记录由施工项目专业质量检查员填写，监理工程师(建设项目专业技术负责人)组织施工项目专业质量检查员进行验收，并按表 H.0.1 记录。

表 H.0.1 分项工程(验收批)质量验收记录表

编号：＿＿＿＿＿＿

工程名称			分部工程名称		分项工程名称	
施工单位			专业工长		项目经理	
验收批名称、部位						
分包单位			分包项目经理		施工班组长	
	质量验收规范规定的检查项目及验收标准		施工单位检查评定记录			监理(建设)单位验收记录
主控项目	1					
	2					
	3					
	4					
	5					合格率
	6					合格率
一般项目	1					
	2					
	3					
	4					合格率
	5					合格率
	6					合格率

— 57 —

续表 H.0.1

施工单位检查评定结果	项目专业质量检查员：		年　月　日
监理（建设）单位验收结论	监理工程师 （建设单位项目专业技术负责人）		年　月　日

H.0.2 分项工程质量应由监理工程师（建设项目专业技术负责人）组织施工项目专业技术负责人等进行验收，并按表 H.0.2 记录。

表 H.0.2　分项工程质量验收记录表

编号：

工程名称		分项工程名称		验收批数	
施工单位		项目经理		项目技术负责人	
分包单位		分包单位负责人		施工班组长	
序号	检验批名称、部位	施工单位检查评定结果		监理（建设）单位验收结论	
1					
2					
3					
4					
5					
6					
7					
8					
9					
10					
11					
12					
13					

14		
15		
检查结论	施工项目技术负责人： 年 月 日	验收结论	监理工程师： （建设项目专业技术负责人） 年 月 日

H.0.3 分部工程质量应由总监理工程师或建设项目专业负责人、组织施工项目经理和有关单位项目负责人进行验收，并按表 H.0.3 记录。

表 H.0.3 分部工程质量验收记录表

编号：

工程名称				分部工程名称	
施工单位		技术部门负责人		质量部门负责人	
分包单位		分包单位负责人		分包技术负责人	
序号	分项工程名称	验收批数	施工单位检查评定	验 收 意 见	
1					
2					
3					
4					
5					
6					
7					
8					
9					

续表 H. 0. 3

质量控制资料				
安全和功能检验（检测）报告				
观感质量验收				
验收单位	分包单位	项目经理		年 月 日
	施工单位	项目经理		年 月 日
	设计单位	项目负责人		年 月 日
	监理单位	总监理工程师		年 月 日
	建设单位	项目负责人（专业技术负责人）		年 月 日

H. 0. 4 单位工程质量竣工验收应按表 H. 0. 4-1～表 H. 0. 4-4 记录。单位工程质量竣工验收记录由施工单位填写，验收结论由监理（建设）单位填写，综合验收结论由参加验收各方共同商定，建设单位填写；并应对工程质量是否符合规范规定和设计要求及总体质量水平作出评价。

表 H. 0. 4-1　单位工程质量竣工验收记录表

编号：

工程名称			类型		工程造价	
施工单位			技术负责人		开工日期	
项目经理			项目技术负责人		竣工日期	
序号	项 目		验收记录		验收结论	
1	分部工程		共___分部，经查___分部符合标准及设计要求			
2	质量控制资料核查		共___项，经审查符合要求___项，经核定符合规范规定___项			

3	安全和主要使用功能核查及抽查结果	共核查____项,符合要求____项,共抽查____项,符合要求____项,经返工处理符合要求____项	
4	观感质量检验	共抽查____项,符合要求____项,不符合要求____项	
5	综合验收结论		

参加验收单位	建设单位	设计单位	施工单位	监理单位
	(公章) 项目负责人 年 月 日	(公章) 项目负责人 年 月 日	(公章) 项目负责人 年 月 日	(公章) 总监理工程师 年 月 日

表 H.0.4-2 单位工程质量控制资料核查表

工程名称		施工单位		
序号	资料名称		份数	核查意见
1	材质质量保证资料	①管节、管件、管线设备及管配件等;②防腐层材料、阴极保护设备及材料;③钢材、焊材、水泥、砂石、橡胶止水圈、混凝土、砖、混凝土外加剂、钢制构件、混凝土预制构件		

2	施工检测	①管线接口连接质量检测(钢管焊接无损探伤检验、法兰或压兰螺栓拧紧力矩检测、熔焊检验);②内外防腐层(包括补口、补伤)防腐检测;③预水压试验;④混凝土强度、混凝土抗渗、混凝土抗冻、砂浆强度、钢筋焊接;⑤回填土压实度;⑥土层加固、基坑支护及施工变形等测量;⑦管线设备安装测试;⑧阴极保护安装测试;⑨围护桩完整性检测、地基处理检测		
3	结构安全和使用功能性检测	①压力管线水压试验;②无压管线严密性试验;③管内通管检验;④管线轨迹测量;⑤管线位置及高程;⑥设备(或系统)调试、电气设备电试;⑦阴极保护系统测试		
4	施工测量	①控制桩(副桩)、永久(临时)水准点测量复核;②施工放样复核;③竣工测量;④工程监测		
5	施工技术管理	①施工组织设计、专题施工方案及批复;②焊接工艺评定及作业指导书;③图纸会审、施工技术交底;④设计变更、技术联系单;⑤质量事故(问题)处理;⑥材料、设备进场验收、计量仪器校核报告;⑦工程会议纪要;⑧施工日记;⑨工程勘察报告;⑩设计施工图		
6	验收记录	①分项(验收批)、分部、单位工程质量验收记录;②隐蔽验收记录		
7	施工记录	①接口组对拼装、焊接、栓接、熔接;②地基基础、地层等加固处理;③桩基成桩;④支护结构施工;⑤沉井下沉;⑥混凝土浇筑;⑦管线设备安装;⑧定向钻进(导向、扩孔、回拉);⑨焊条烘焙、焊接热处理;⑩防腐层补口补伤等		
8	竣工图	①三维图;②竣工图		

结论:　　　　　　　　　　　　结论:

施工项目经理:　　　　　　　　总监理工程师:
　　　　　　年　月　日　　　　　　　　　　　年　月　日

表 H.0.4-3 单位工程观感质量核查表

工程名称		施工单位			
序号	检查项目	抽查质量情况	好	中	差
1	管线、井室、设备位置				
2	管线设备状况				
3	井室状况				
4	回填土				
5	管线质量[井室内或工作坑(井)内]				
6	进、出洞口处理				
7	工作坑(井)质量				
8	地面地表状况				
9	周围环境状况				
10	其他				

观感质量综合评价

结论：

结论：

施工项目经理：

总监理工程师：

年　月　日

年　月　日

表 H.0.4-4　单位工程结构安全和使用功能性检测记录表

工程名称		施工单位	
序号	结构安全和功能检查项目	资料核查意见	功能抽查结果
1	压力管线水压试验记录		
	无压管线严密性试验(闭水试验)		
	管线内通管检验记录		
2	给水管线冲洗消毒记录及报告		
	燃气管线吹扫、清通记录		
3	阀门安装及运行功能调试报告及抽查检验		
4	管线其他设备安装调试报告及功能检测		
5	管线轨迹测量记录		
6	排水管线水力坡度检验记录		
7	阴极保护安装及系统测试报告及抽查检验		
8	钢管防腐绝缘检测汇总及抽查检验		
9	钢管焊接无损检测报告汇总		
10	混凝土试块抗压强度试验汇总		
11	混凝土试块抗渗、抗冻试验汇总		
12	地基基础加固检测报告		
结论:		结论:	
施工项目经理:　　　　　　　　年　月　日		总监理工程师:　　　　　　　　年　月　日	

本标准用词说明

1 执行本标准条文时,对要求严格程度不同的用词,说明如下:

1）表示很严格,非这样做不可的用词:

正面词采用"必须";

反面词采用"严禁"。

2）表示严格,在正常情况下均应这样做的用词:

正面词采用"应";

反面词采用"不应"或"不得"。

3）表示允许稍有选择,在条件许可时首先应这样做的用词:

正面词采用"宜"或"可";

反面词采用"不宜"。

2 条文中指明必须按其他有关标准和规范执行时的写法为"应按……执行"或"应符合……的要求(或规定)";非必须按所指定的标准、规范或其他规定执行的写法为"可参照……的要求(或规定)"。

引用标准名录

1 《焊缝无损检测 超声检测 技术、检测等级和评定》GB/T 11345
2 《无损检测 金属管道熔化焊环向对接接头射线照相检测方法》GB/T 12605
3 《生活饮用水输配水设备及防护材料的安全性评价标准》GB/T 17219
4 《建筑抗震设计规范》GB 50011
5 《岩土工程勘察规范》GB 50021
6 《城镇燃气设计规范》GB 50028
7 《现场设备、工业管道焊接工程施工及验收规范》GB 50236
8 《给水排水工程管道结构设计规范》GB 50332
9 《通信管道与通道工程设计标准》GB 50373
10 《城镇供热管网设计标准》CJJ 34
11 《城市地下管线探测技术规程》CJJ 61
12 《城市电力电缆线路设计技术规定》DL/T 5221
13 《基坑工程技术标准》DG/TJ 08—61
14 《地下管线测绘标准》DG/TJ 08—85
15 《市政地下工程施工质量验收规范》DG/TJ 08—236
16 《基坑工程施工监测规程》DG/TJ 08—2001
17 《地面沉降监测与防治技术规程》DG/TJ 08—2051

上海市工程建设规范

管线定向钻进技术标准

DG/TJ 08—2075—2022
J 11722—2022

条 文 说 明

2023　上海

目 次

Contents

1 总　则

1.0.1 非开挖技术是指在不开挖或少量开挖地表的条件下,进行各类管线的探测、定位、敷设、修复、检测和更换的工程技术,管线定向穿越工程技术是其中广泛应用的工艺和技术之一。管线定向穿越工程技术相对于开槽埋管施工无疑是速度快、不影响城市交通、有利于环境保护,有着良好的社会效益和经济效益。尤其在穿越水域、道(公)路、铁路、建筑物等更显示其工艺和技术的优越性及科学性。该技术在城市管线建设中得到应用和发展,是城市经济发展、科技进步的重要标志之一。为使管线定向穿越工程技术有序、持续发展,进一步提高其科技水平,促进非开挖市场的合理竞争,规范管理,务必在设计、施工、质量验收的标准方面予以统一,确保管线工程的质量和施工安全,从而进一步提高经济效益和社会效益。

1.0.2 本标准主要适用于上海地区管线定向穿越工程的施工,标准的适用具有地域性特征,其他地区可结合当地的实际情况,因地制宜地参考使用。

1.0.3 本标准适用于给水管线、排(雨、污)水管线、输油管线、燃气(天然气、液化气、煤气)管线、电力管线(套管)、通信信息管线(套管)等。这些管线都有其专业和行业的特点,因此,管线定向穿越工程除应符合本标准外,必须符合国家、行业和上海市工程建设规范等相关现行的强制性标准。

3 基本规定

3.0.1 本条文规定管线定向穿越的主要应用范围为过河、过路或过建(构)筑物等障碍物的地下管线施工。

3.0.2 本条文规定管线定向穿越工程设计前应进行勘察,根据工程勘察资料进行路由比选和相应的专项评估。

3.0.3 本条文中所涉及的有关资料是管线定向穿越工程必备的,并应对其真实性进行复核和确认。这将对工程施工质量、安全起到重要作用。这也是规范非开挖施工管理的基本要求。

3.0.4 工程设计是国家基建程序明确了的不可缺少的程序之一。本条文也是针对目前管线定向穿越施工中"轻视设计、不作设计"状况所列。

3.0.8 本条文规定了施工单位在编制施工组织设计和专项施工方案时应对施工技术的合理性、可靠性、先进性进行全方位综合论述,因此前期的复核工作必不可少。除技术部分外,施工组织设计中应编制施工进度计划、施工质量目标和保证措施、环保措施、文明施工措施、安全生产措施,还应确定项目管理体系,为确保施工质量和按期完成任务提供有力保障。故建设单位必须对施工组织设计进行审查。施工前还应进行详尽的技术交底工作,以使工程实施者明确"施工方案"中的主要内容,技术交底工作分室内交底和施工现场交底,特别要重视施工现场交底。

3.0.9 本条文针对城市建设对于环保、安全和文明施工的需求而制定。条文中所提及的废弃物、噪声及振动是施工过程中影响城市安全文明的因素。

3.0.10 本条文规定了各专业应根据管线建设需求进行专业检验,各专业管线检验的方法参见本标准第7.4节中的内容。

4 工程勘察

4.1 一般规定

4.1.1 先勘察、后设计是工程必须遵守的程序。工程勘探关键是了解地质条件、地下构筑物及地下管线的情况。

4.1.2 本条文规定了工程勘察应符合的相关规定。

4.1.3 本条文规定了工程勘察应具备的资料。

4.2 工程环境调查

4.2.1 本条文规定了工程环境调查的范畴。

4.2.2 本条文规定了工程环境调查应查明的内容。

4.2.3 本条文规定了工程环境调查应查明对人体有害的气体和其他有害物质的位置，避免施工人员受到侵害。

4.2.4 本条文规定了工程环境调查应查明与工程相关的地下设施的详细情况。

4.2.5 本条文规定了地下管线所需要的探测范围，以防止管线定向穿越工程施工对穿越范围内既有地下管线造成破坏。根据目前的施工技术水平，查明穿越路由周围 3 倍管径或不小于 3 m 范围内的地下管线可满足安全施工要求。

4.3 工程地质调查

4.3.3 本条文规定了工程地质调查现场踏勘的主要内容。

4.3.7 本条文规定了在常规情况下对勘探取样钻孔的平面布置

和深度要求。如遇特殊情况（地层断裂、地层变化频繁和出现大量砾石、卵石和漂石等）时，应加密勘察取样钻孔的水平间距和勘察深度。

4.3.8 钻探观测和测试工作完成后采用水泥砂浆对勘探孔进行封闭处理，以减小钻探孔对原结构的影响。

5 设 计

5.1 一般规定

5.1.4 本条文规定考虑了施工对公路、铁路、建筑物、河流的影响范围,其根据现行的有关资料而编制,有待工程实践,不断改进和完善。在本条中亦规定了可量化的最终回扩的直径作为确定影响范围的指标之一,与表 5.1.4 中数据并用。

5.1.5 管线定向穿越与开挖直埋式敷设的机理不同,要求所敷设的管线和建筑物及既有地下管线要有一定的安全距离。管线定向穿越施工中,钻孔的钻掘剪切应力若大于穿越地层的抗剪强度,钻孔内就会发生塌方,造成相邻管线的损坏。泥浆护孔作用只是在短时间内维持孔壁的稳定性,随着时间的推移,孔壁稳定性受到破坏,也会造成塌孔或土层塑性流动。这就涉及地层的自立厚度和最小覆土深度这两个问题。条文中量化数值的列示,主要是为确保安全施工的最小间距,同时在设计质量、测试精度、施工技术和经验的前提下得到保证。

5.1.6 管线定向穿越造斜段应避免在道路规划红线或河道规划蓝线以内,是为了防止管线在道路或河床下发生冲突,或由于管线的建设而影响道路或河道的畅通。

5.1.7 管线定向穿越轨迹设计时应考虑管线区域内现有的规划要求,以便降低工程实施过程中区域环境变化所带来的影响。

5.1.8 本条文中的工艺设计是指各专业管线为了满足运营要求而考虑的一些特殊设计。如:对于排水管,应进行专业的水力坡度设计;对于给水管、燃气管和石油管线,应进行必要的抗震设计、防腐设计和压力设计等。

5.1.9 管线定向穿越在完成敷设后,一般在入、出土工作坑中留有一段管线供接入工作井用,因为各专业对工作井的尺寸和位置以及工作井中管线接驳口高程不同,往往需要将管线进行弯曲,因此各专业管材(束)两端接入工作井时应满足管线弯曲敷设的要求。

5.1.10 本条文规定了对沉降要求较高的管线定向穿越工程应进行的后期处理工艺要求。孔内加固主要是进行固化泥浆的配制及充填,它可以有效防止沉降及对环境的破坏。本条规定中所指的孔内加固包括敷设管线全程。

5.2 管材选择

5.2.2 管线的壁厚与其埋置深度和回拖长度有关。如果埋置深度较浅,管线的壁厚可以相对薄一点。如果埋设较深,管线所受到的土压力较大,容易产生变形,管线的壁厚则应相对厚一些,以确保管线有足够的刚度。

5.3 导向轨迹设计

5.3.1 本条文规定了导向孔轨迹设计应包括的主要内容。

1 钻孔类型和钻孔轨迹类型取决的因素有:管线的性质、功能、材质、敷设要求;钻孔地质条件;施工单位的设备性能和技术状况;现有地下管线的分布以及地上、地下障碍物的分布;水域覆盖面积和深度;施工的安全性和经济性等。

2 造斜点是指同一孔身中由直线段变为曲线段的起点。造斜点的确定要从施工的整体性、技术性、安全性和经济性考虑。

3 曲线段的曲率半径取决于土层的造斜能力、造斜工具的造斜能力或二者综合作用所能达到的导向强度(造斜强度)。导向强度越大,曲率半径越小,在一定弯曲角的情况下,曲线段的长度也越小。但是导向强度太大,会产生一系列的负面影响。

4 要确定的钻孔孔身轨迹参数包括各孔段长度、各孔段起点和终点的顶角、方位角,各孔段起点和终点的垂直深度和水平位移。一般采用计算法,也可采用图解法。

5.3.2 管线定向穿越工程施工前必须进行钻孔轨迹设计,并在施工过程中予以控制,以保证敷设管线位置的准确性。钻孔轨迹一般为平面曲线,也可能为空间曲线。根据入、出土点位置,入、出土角,管线埋深,管线直径的大小和既有地下管线及穿越障碍类型等条件,可将其基本线段进行多次、多点、多方位组合,也可形成不同的导向轨迹形式。

5.3.3 定向穿越导向孔的轨迹由基本参数 L_1、L_2、L_3、L_4 和 L_5 决定。R_1 和 R_2 主要由钻杆的曲率半径和待敷设的管线允许弯曲半径决定,一般 $R_1 \geqslant 1\,200d$,$R_2 \geqslant 1\,200D$,d 和 D 分别为钻杆和待敷设管线的外径。

1 作图法:如图 5.3.3 所示,按敷管深度 H 即可确定直线段,其长度为 L_3。在底部直线段起点到地面的垂线上取一点作为圆心,取半径 R_1 作圆相切于直线段 L_3,与地面相切于直线段 L_1,该圆为曲线段 L_2,其切线与 AD 的夹角为入土角 α_1,用相同的方法可画出与底部直线段相切的曲线段 L_4 以及与曲线段相切同时与地面相交的直线段 L_5。

2 计算法:将已知的基本参数代入本标准公式(5.3.3-1)~公式(5.3.3-4),分别计算出 L_1、L_2、L_4 和 L_5。

5.3.4 由作图法和计算法得出入土角参数之后,再结合对入土角限制的其他因素,做出切合实际的设计。本条文规定的入土角条件,参照国内外各种机型角度的可调范围,结合国内外经验和各专业实践经验,根据管材性能对入土角进行细化,作为推荐值。入土角较小时,可较容易过渡到水平面,钻杆弯曲程度也较小;加大入土角会使钻孔轨迹变深、变长。

5.3.5 本条文中的出土角推荐值,系参照国内外经验并结合各专业实践经验,重点考虑管材的性能和拖管工艺过程而给出。

5.3.7 导向轨迹设计时,钻杆对整个轨迹弯曲半径也具有一定的影响。在进行精确设计时,应将钻杆因素考虑在内。

5.3.8 根据专业或运营的需求,需要一次性敷设 2 根以上的管线,即集束管。集束管内管线的数量有时甚至可以达到 20 根或更多。集束管的重量与单根管线不同,且集束管成束后所形成的圆柱不如单根管线有规则,在工程实际过程中对成孔或管线敷设后的位置有影响。本条文规定将集束管作为一个整体进行导向孔轨迹设计,以达到设计与实际的贴合。

5.4 工作坑(井)

5.4.1 管线定向穿越工程施工图设计阶段中需要对工作坑(井)进行设计。工作坑(井)的位置在满足本条规定的基础上,还应满足导向和敷管距离的要求,工作坑(井)位置应设在被敷设管线的中心线上。

5.4.2 放坡开挖具有施工简单、出土方便的优点,但工程事故却较常见,基坑越深,周期越长,风险就越大。采用放坡开挖时,应该注意以下几点:

    1 必须进行边坡稳定性验算,选择合适的放坡坡度。

    2 对坡顶超载和不良气候条件应有充分估计。

    3 应采取有效的降、排水及防护措施。

    4 应预备必要的抢险措施和手段,以防不测。

5.4.3 水泥土挡墙体系具有施工简单、造价较低、挖土方便的优点。

上海地区以水泥土材料作自立式围护墙结构的已有大量工程实例。施工工艺有湿法喷浆和干法喷粉。采用湿法喷浆工艺施工,强度和质量容易得到保证,目前使用较为广泛。墙体断面有格栅型和实心体两种,主要取决于土质和基坑的开挖深度。

水泥土复合结构的适用范围,目前工程界的看法也不完全一致,虽然采用自立式水泥土格栅型搅拌桩围护墙工程实践开挖深度已有达到 8 m～9 m 的成功实例,但其质量受施工影响的因素较大,质量检测的方法也有待进一步改进和统一。通过调查,大致得到如下的认识:开挖深度不超过 6 m 时,质量容易保证,效果也较好;超过 6 m 时,墙体位移较难控制;7 m 以上时,风险较大,也不一定经济。为此,本标准规定自立式水泥土格栅型搅拌桩围护墙的开挖深度适用于不超过 7 m 的基坑。

水泥土复合结构,是在自立式水泥土围护墙体系上发展起来的一种新的形式。其构造是在水泥土围护墙内,以一定间距插入灌注桩或钢桩作为支撑点,并辅以一定数量的内支撑,类似于 SMW 工法。

钢筋混凝土板式支护体系适用范围很广,可根据基坑规模、开挖深度、环境要求等合理地选用围护墙和支撑结构的形式。

一般开挖深度不超过 4 m 时,可考虑采用悬臂式板桩,但顶部位移较大,同时也容易引起板桩间空隙的水土流失。

通常,非开挖施工的工作坑主要以矩形为主,按构筑方法来分,有排桩、钢板桩、喷锚支护和放坡开挖的工作坑(井)以及用特殊方法构筑的坑。

5.4.4 降水与排水是保证工作坑(井)开挖的安全措施,对不同土质应采用不同的降水措施。对于含沙量的黏性地层,渗透性差,一般可采用坑内排水。坑内排水应设置排水沟及集水坑。当开挖深度较大、水位较高时,宜采用井点降水;对于粘结性差的砂层,无法进行坑内排水,必须采用井点降水。设置井点时,应对降水范围进行估算。

5.5 管线受力计算

5.5.1 在管线定向穿越施工过程中,回拖力的构成非常复杂,管线及回拖钻具在钻孔内的受力方式、地层影响、三维空间受力等因素都对回拖力有所影响。回拖力的估算在结合计算式的同时，还应结合具体的设计轨迹形态。

5.5.2 本条文所列的计算方法采用的是重力浮力原理，以简化的形式进行了力学推算，所设计的参数在工程现场较易获得，使用简便。

给排水管线回拖力应参照现行上海市工程建设规范《顶管工程施工规程》DG/TJ 08—2049 进行估算。

本条文中计算公式(5.5.2-1)～式(5.5.2-3)中有关管壁与孔壁之间摩擦系数 K 的取值可参照表 1 进行选取。

表 1　钢管与塑料管在常见地层中的摩擦系数

序号	土性	K 值选取
1	软土	是在静流中沉积的饱和黏土，含水量高，透水性差，压缩性高，抗剪切强度低，具有一定的触变性。摩擦系数为 0.2～0.4，易产生液化，摩擦阻力小
2	黏土	具有可塑性、黏聚力、弹性压缩性、内摩擦力均高及低渗透性的胶体特性，其塑性指数≥17。可以对管壁产生较高的摩擦阻力，摩擦系数为 0.5～0.75
3	砂黏土	黏粒少于 30%而砂粒多于粉粒时为砂黏土。可塑性、内聚力、弹性、压缩性均较低，而内摩擦力和渗透性较黏土高。塑性指数为 7～17，摩擦系数为 0.5～0.65
4	粉土	含黏粒少于 3%，而粉粒多于 50%，砂粒少于 50%。可塑性、黏聚力极低，摩擦系数为 0.5～0.65，具有触变性，含水饱和时出现流砂现象
5	砂土	含砂粒多于 50%的土。无可塑性，干燥时呈松散状态，渗透性较黏性土好，稍湿的砂土具有假内聚力。摩擦系数为 0.6～0.8，与其他土层相比可以产生最大的摩擦阻力。级配良好的密实状砂土，抗剪切性能好，可以形成很高的阻力，土层的摩擦系数高，摩擦阻力也很高
6	砂砾石土	粒径大于 2 的颗粒质量超过 50%的土为砂砾石土。摩擦系数 0.5 左右，渗透能力最强，干燥时呈松散状态，级配良好，密实状态的砂砾石土不塌方。通常情况下摩擦系数取 0.4～0.6

注：1　以上地层的摩擦系数是指其与管线接触表面的摩擦系数。

　　2　至于是钢管还是塑料管并不重要，重要的是管线表面的粗糙度（或光洁度）。以上情况按一般机加工表面光洁度看待。

　　3　地层与管线接触表面的充填介质对摩擦系数的影响较大。以上情况按普通泥浆扩孔情况来看待。若采用优质润滑型泥浆或管线表面涂有永久性润滑脂，则摩擦系数可降低为原来的 50%以下。

5.5.3 设备预留 30%回拖力储备,以应付意料之外的因地层和孔内特殊情况而增加的拉力。

5.6 扩孔设计

5.6.1 为便于回拖敷设管线施工,扩孔直径应为敷设管线直径的 1.2 倍～1.5 倍。

6 施 工

6.1 一般规定

6.1.1 为确保工程质量,进行安全生产,必须尊重设计、增强环保意识,执行行业规章制度,遵守相应的法律、法规和相关的技术标准规范。

环境污染包括噪声、粉尘、交通干扰、植被破坏以及泥浆和废弃物的处理。施工时,应严格遵守有关主管部门对施工场地交通、施工噪声以及环境保护和安全生产等管理规定。

6.2 测量放线

6.2.1~6.2.3 条文规定了测量放线的基本内容。测量放线还应根据实际,结合具体工程施工组织设计和施工方案中的相关内容进行。一般来说,中小型钻机施工可不单设泥浆坑,入、出土工作坑可兼作泥浆坑。

6.3 设备选型与安装

6.3.1 钻机按回拖力大小,可分为小、中、大和特大型钻机,各国、各行业、不同时期划分标准不同。本条文表 6.3.1 中所列内容是参照国内外经验并结合各专业实践经验总结而成。

6.3.2 通常,根据钻孔深度、穿越障碍物类型、钻机类型、现场电磁干扰情况、穿越距离、穿越区域环境等实际工况选择导向系统。一般情况下,定向穿越多配备手持式导向仪,用来测量深度、倾斜角、工具面向角、钻头温度等基本参数。手持式导向仪由孔内探头、地表手持接收机和同步显示器三部分组成,也就是通常所说的无线导向系统。但在有些条件下,使用无线导向系统已不能满足要求,如车流量繁忙的道路、河流以及干扰源多且干扰大的区域,就要采用有线式导向系统,利用缆线传输数据,进行导向控制;或使用地磁导向系统,利用缆线传输数据和抗地磁干扰性进行导向精确控制。无论选用何种导向系统,在使用前都必须进行校准,包括导向系统精确性校准和干扰校准。精确性校准通常称为"三米校准",是对导向系统精度进行的校准,如使用地磁导向仪,应注意精确复核地磁偏角。干扰校准通常需要导向员用地表手持接收机沿新建管线沿线探测一次,确定存在干扰的部位,进行特殊点的标定和精度确认。两项校准缺一不可,均直接影响导向孔轨迹的准确性的和实施的安全性。

6.3.3 正确安装、使用及拆卸钻机可延长钻机的使用寿命,同时可以避免孔内事故的发生,确保工程的顺利进行。

6.4 钻杆钻具

6.4.1 钻杆选用是由钻机的大小和类型、钻孔设计类型和地层条件来确定。采用强度足够的钻杆才能承受钻进扭矩和回拖机械负荷,钻杆的外径和壁厚对钻孔的弯曲半径有影响,大直径钻杆不能进行短距离弯曲,钻杆直径越小越容易弯曲,因此使用中应满足钻杆弯曲半径的要求。正确使用钻杆可延长其使用寿命,同时可以避免孔内事故的发生,确保工程的顺利进行。

6.4.2 本条文规定在不同的地层采用不同的钻进钻头。在导向钻进过程中,不同的造斜能力取决于地层与导向钻头之间的相互作用力,在钻机顶推力和地层作用力共同的作用下可实现导向轨迹的直进或变向钻进。根据地层采用不同的导向钻头或造斜"斜面"尺寸,以适应控向要求和较快地实现方向控制,同时减小推进阻力,适应地层的切削破碎,减小钻头磨损,提高钻进效果。

6.5 工作坑(井)

6.5.1 本条文对工作坑(井)的开挖作了基本规定。应结合国家现行相关标准进行工作坑的开挖或支护。

6.6 钻进液

6.6.1 钻进液应具备悬浮钻屑、稳定孔壁、冷却钻头、润滑钻具、润滑所敷管线、软化并辅助破碎硬地层、调整钻进方向等功能。

钻进液配比应通过实验和现场试配确定,根据需要,加入相应性能的添加剂。钻进液常用配料有水、膨润土、工业碱、钠羧甲基纤维素、聚丙烯酰胺、植物胶、生物聚合物等,加料顺序为水、工业碱、膨润土和其他所需的处理剂。

本条文规定的钻进液,指符合地层条件的淡水和钻进液材料的混合物,而不是清水,流动状态的水不具有携带钻屑能力和护壁性能。本条文规定,在导向、扩孔和回拖各工艺阶段,宜对钻进液的性能进行监控,根据返浆、钻机参数、钻进液性能指标等情况进行钻进液配比或配方的调整。

配制钻进液时应有足够的动力搅拌,储浆罐中一般也应有动力搅拌装置,以使膨润土充分膨化,同时钻进液在使用前应有足够的预水化时间,保持钻进液的稳定性。定向穿越施工泥浆用量大,应根据现场情况和经济性、环保性,做好泥浆的回收和再利用。

6.7 管线焊接及安装

6.7.1 本条文执行时必须注意:穿越管线的预制场地应同时满

足穿越管线的长度要求和管线焊接作业要求。不能直线布管时，布管的曲率半径应符合管材性能要求，架设滚轮支架或设堆墩支护等均应牢固可靠，便于回拖工序能顺利平滑通过。

6.8　导向孔钻进

6.8.1～6.8.4　此相关条文规定了导向孔钻进中应注意的问题和采取的方法。导向孔钻进时，最重要的技术环节是钻孔轨迹的监测和控制。导向孔钻进实施中，导向和钻机司钻作业人员应相互配合，并应严格依照规范执行轨迹的测量和控制，确保导向孔轨迹依据设计轨迹钻进完成。导向孔钻进过程中可能会出现异常，应按地层条件调整推进力，避免钻杆过度弯曲。注意钻杆在软地层等不良地质环境中发生不易察觉的弯曲。

6.9　分级扩孔

6.9.2～6.9.6　扩孔直径的大小应根据地层条件和管线类型确定，不是扩孔直径越大越好。此相关条文规定应根据管线的管径、地层条件及设备能力扩孔，可一次或几次逐级完成。在复杂的工况下，如大管径、长距离、综合地层分布，可根据实际情况选用组合型扩孔器。

6.10　管线回拖

6.10.1,6.10.2　此相关条文对管线回拖过程进行了相关的规定。管线回拖前除了必要的检查外，还应预先做好回拖过程中的应急预案，准备好必要的应急设备、工具。回拖管线入孔的角度应尽量和导向孔钻杆的出土角一致。

　　管线回拖过程应尽量一次完成，若必须分段进行，则必须做好钻孔的维护措施,避免由于时间的停待而造成地层的变化,防止塌孔或抱管事故的发生。

6.11 清理现场

6.11.1~6.11.5 此相关条文规定工程完成后必须清理现场、恢复地貌、清除污染物。减少环境污染是现阶段文明施工保护环境的需要,应遵守政府现行法律法规的规定。

6.12 施工监测

6.12.3 本条文规定应由建设单位根据需要委托第三方承担工程监测,并规定了监测方案的内容和警戒建议值的确认相关内容。

 1 编制监测方案前应现场踏勘并收集资料:

  1)工程设计文件;

  2)场地岩土工程勘察报告和水文地质勘察报告;

  3)周围环境[地下管线、建(构)筑物]资料。

 2 施工监测方案应加盖监测单位公章,并提交给建设单位审核批准。

 3 审批应采用以下主要方式:

  1)建设方委托监理单位对监测方案进行确认;

  2)建设方组织专家对监测方案进行评审;

  3)作为施工技术方案的一部分参与评审。

 4 警戒值是地下工程施工时一种强制性警示,应由设计人员根据资料信息通过有关公式计算提出。警戒值表示变化量达到警戒建议值时,提醒施工方注意,采取必要的防范措施控制变化,以免影响相关设施周围环境安全。

6.12.4 监测点设置的点数应根据工程施工的实际情况,考虑各种施工工况,对监测点设置的点数应按照其重要程度予以适当增加,以满足施工监测的需要。

警戒值由累计变化量和本次变化量组成,只要其中有一个变化量达到警戒值,监测单位都要报警。达到警戒值时,建设方、设计方、施工单位应会同监测单位共同分析原因,采取有效的防范措施,控制变化量;同时,监测单位应提高监测频率,及时把监测数据报建设方及有关部门。

7 质量验收

7.1 一般规定

7.1.2 本条文对工程施工质量控制作出了相关规定。

1 工程所用的管材、管件、构(配)件和主要原材料等产品应执行进场验收制和复验制,验收合格后方可使用。

2 工程施工中各分项工程应按照施工技术标准进行质量控制,且在完成后进行检验(自检)。

3 各分项工程之间应进行交接检验(互检),未经检验或验收不合格不得进行其后分项工程或下道工序。分项工程和工序在概念上应有所不同,一项分项工程由一道或若干工序组成,不应视同使用。

7.1.3 本条文对施工组织设计的审批、修改和补充程序作出了规定。对施工组织设计的审批,各行业均有不同的规定,本标准不宜对此进行统一的规定。

7.1.4 本条文强调施工单位必须遵守的规定,应严格执行。在施工过程中,当发生设计变更,为了保证施工单位对设计意图的理解,不产生偏差,以确保满足原结构设计要求,应办理设计变更文件。

7.1.5 本条文将跟踪测量作为重要的过程控制方式提出,其控制的有效性会直接影响到最终管线竣工轨迹的位置和形态。

7.1.6,7.1.7 此相关条文强调管线工程结束后需要对竣工管线进行轨迹的三维测量。管内测量指的是测量仪器必须进入管线内,并能在管线中行走,以获得管线轴线连续的三维轨迹数据,最终形成连续的三维轨迹图,即地下管线空间位置曲线图。为了确保测量轨迹数据与实际的贴合性,测量仪器的抗干扰性必须得到保证,管线轨迹的三维测量精度应符合现行行业标准《城市地下管线探测技术规程》CJJ 61 的规定。

7.1.8 本条文规定管线定向穿越敷设工程施工质量验收基础条件是施工单位自检合格,并应按验收批、分项工程、分部(子分部)工程、单位(子单位)工程依序进行。

本条文第 7 款规定的验收批是工程项目验收的基础,验收分为主控项目和一般项目。主控项目,即管线工程中对结构安全和使用功能起决定性作用的检验项目;一般项目,即除主控项目以外的检验项目,通常为现场实测实量的检验项目,又称为允许偏差项目。检查方法和检查数量在相关条文中规定。

7.1.9 本条文中表 7.1.9 明确了管线定向穿越工程的分部工程、分项工程(验收批)的划分,以供使用时参考。应强调的是,在工程具体应用时,应按照工程施工合同或有关规定,在工程施工前由有关方共同确认。

7.1.10 本条文规定了验收批质量验收合格的 3 项条件。

1 主控项目,抽样检验或全数检查 100%合格。

2 一般项目,平均检查的合格率应大于 80%;合格率的计算公式为

$$合格率 = \frac{同一实测项目中的合格点(组)数}{同一实测项目的应检点(组)数} \times 100\%$$

3 主要工程材料的质量保证资料以及相关试验检测资料齐全、正确;具有完整的施工操作依据和质量检查记录。

7.1.11 分部工程的验收在其所含各分项工程验收的基础上进行。本条文给出了分部工程验收合格的条件。

首先,分部工程的各分项工程必须已验收合格且相应的质量控制资料文件必须完整,这是验收的基本条件。其次,由于各分项工程的性质不尽相同,因此作为分部工程,不能简单地组合而加以验收。

涉及安全和使用功能的地基基础处理、围护结构、混凝土结构、管线接口连接、管线预水压、管线控向位置等分部工程应进行有关检验和抽样检测。关于观感质量验收,这类检查往往难以定量,只能以观察、触摸或简单量测的方式进行,并由个人的主观印象判断,检查结果并不给出"合格"或"不合格"的结论,而是综合给出质量评价。对于"差"的检查点,应通过返修处理等补救。

7.1.12 单位工程质量验收也称质量竣工验收,是管线工程投入使用前的最后一次验收,也是最重要的一次验收。验收合格的条件有 5 个:

　　1 构成单位工程的各分部工程应合格。

　　2 有关的资料文件应完整。

　　3 涉及安全和使用功能的分部工程应进行检验资料的复查。不仅要全面检查其完整性(不得有漏检缺项),而且对分部工程验收时补充进行的抽样检验报告也要复核。这种强化验收的手段体现了对安全和主要使用功能的重视。

　　4 对主要使用功能还须进行抽查。使用功能的检查是对工程最终质量的综合检验,也是用户最为关心的内容。因此,在分项、分部工程验收合格的基础上,竣工验收时再作全面检查。抽查项目是在检查资料文件的基础上由参加验收的各方人员商定,并用计量、计数的抽样方法确定检查部位。检查要求按有关专业工程施工质量验收标准的要求进行。

　　5 还须由参加验收的各方人员共同进行观感质量检查,最后共同确定是否通过验收。

7.1.14 建设单位应依据国家《建设工程质量管理条例》及建设部《房屋建筑工程和市政基础设施工程竣工验收备案管理暂行办法》以及本市的有关地方性法规和政府规章的相关规定,向工程所在地建设行政管理部门或其他有关部门办理竣工备案手续。

7.1.15 工程竣工验收备案制度是加强政府监督管理、防止不合格工程流向社会的一个重要手段。建设单位应根据有关规定进行备案,否则不允许投入使用。

7.2 工作坑(井)

7.2.2 虽然工作坑(井)不属于工程的结构,但超过 4 m 深或有特殊要求的工作坑(井)作为施工的临时结构物对工程施工安全、质量的保证起到关键作用,必须进行控制。同批混凝土抗压试块的强度应按现行国家标准《混凝土强度检验评定标准》GBJ 107 的规定评定,评定结果必须符合设计要求。

7.3 管线敷设

7.3.2 将钢管外防腐层的厚度、电火花检漏、粘结力均列为主控项目,表 7.3.2-1～表 7.3.2-5 为相应验收质量标准。本标准中产品质量保证资料应包括产品的质量合格证明书、各项性能检验报告,以及产品制造原材料质量检测鉴定等资料。

7.3.3 塑料管熔接质量验收标准主控项目中,特别规定了熔接的质量检验与验收标准。现场破坏性检验或翻边切除检验具体要求如下:

　　1 焊接力学性能检测报告应由具有资质的检验机构出具。

　　2 现场破坏性检验:将焊接区从管线上切割下来,并锯成 3 条等分试件,焊接断面应无气孔和脱焊;然后分别将 3 条试件的切除面弯曲成 180°,焊接断面应无裂缝。

　　3 翻边切除检验:使用专用工具切除翻边突起部分,翻边应实心和圆滑,根部较宽;翻边底面无杂质、气孔、扭曲和损坏;弯曲后不应有裂纹,焊接处不应有连接线。

　　4 上述检验中若有不合格的,则应加倍抽检;加倍检验仍不合格时,应停止焊接,查明原因进行整改后方可施焊。

7.3.4 本条文对管线回拖时的主控项目和一般项目进行了

规定。

本条第 7 款对管线定向钻穿越工程的允许偏差进行了细化，表 7.3.4 中所提及的两种检查方法分别针对成孔管线轨迹的两个控制要素：一个是成孔管线轨迹两端点即地面入土点和地面出土点；另一个是成孔管线轨迹沿线。

成孔管线轨迹两端点的测量属于点测量，使用全站仪、GPS 和钢尺可以获得直接测量数据。由于成孔管线敷设于地下不可见，因此要对成孔管线轨迹沿线进行测量获得直接测量数据需采用专业轨迹测量仪。轨迹测量仪可进行不间断点的连续测量，可准确地测定成孔管线轨迹沿线的三维坐标数据，并可形成连续的三维轨迹图形。